知られざる競争優位

フリードヘルム・シュヴァルツ 著　石原 薫 訳

ネスレはなぜCSVに挑戦するのか

Peter Brabeck-Letmathe and Nestlé – a Portrait: Creating Shared Value

ダイヤモンド社

Peter Brabeck-Letmathe and Nestlé – a Portrait: Creating Shared Value

by

Friedhelm Schwarz

Japanese translation rights arranged with Stämpfli Verlag AG, Bern
through Tuttle-Mori Agency, Inc., Tokyo

クラウス・シュワブによるまえがき

このピーター・ブラベック＝レッツマットのポートレートは、一般的な伝記とは大きく異なっている。一つの人生を時系列で追った記録でもなければ、その人生で全うされた仕事を回顧するものでもない。ブラベックは、今なお前を向いている。新しい考え方に耳を傾けようとしている。相変わらず分析家で、考える種を蒔き続け、これまで通り物事を改革し推進している。この本が描き出しているのはまさにそれなのである。

本書の著者は、ブラベックという人物の分析や解釈を通して読む人を自分の視点に引きつけるようなことはせず、事実やエピソードの収集と整理によって、多面的に思考して行動する一人の功績者の像を描いた。余分なコメントを控え、物語自身に物語らせた。読者にお仕着せの人物像を押しつけるのではなく、むしろ想像の余地を残している。

その意図は達成されている。そこに大きく寄与しているのは、ピーター・ブラベックをよく知り、独自の視点で彼について語る一流の人々との豊富なインタビューや会話である。

もう一つ特徴的なのは、ピーター・ブラベック＝レッツマット本人による序文である。その中で彼は、二〇〇八年一二月にアルゼンチンのアンデス山脈にそびえるアコンカグアに登ったときの体験と、彼が大切にしている考え方とを、非常に印象的な方法で結びつけている。

読者は、一面また一面と新たな側面に触れながら類い稀な人間像を知り、同時に、世界有数の規模と影響力を誇る企業の内部の仕組みや思考プロセスを窺い知ることになるだろう。

さらに本書は、誰もが勝者になれること、敗者をつくる必要のないことを現実的に示す、一つの経済モデルを取り上げている。「共通価値の創造」（ＣＳＶ：Creating Shared Value）という指針こそが、ピーター・ブラベック＝レッツマットとネスレが、他の成功企業やリーダーの一段上を行っている理由である。また、スイスとこの国に備わった価値観が果たす役目にも着目している。長期的観点で責任を負い、自らの行動に対して説明責任・結果責任を持つことは、経済上の美徳であり、今日、その価値は計り知れないほど高い。

二〇〇九年一一月、ジュネーブにて

世界経済フォーラム主宰者 クラウス・シュワブ

ピーター・ブラベック＝レッツマットによる序文

二〇〇八年一二月二〇日（土）　メンドーサにて

マイアミを出発し、サンティアゴを経由してアンデス山脈上空を通るフライトでは、私が一九七〇年八月に初めてチリを訪れたときから、幾度となくうっとりと眺めてきた二つの山が見える。だが今の今まで、自分が征服すべき山だとは思いもしなかった。標高六九六二メートルのアコンカグアは、南北アメリカ大陸のみならず、アジア以外の大陸の最高峰でもある。

飛行機から眺めると、その全貌が一望できる。高度数千メートルまで壮大な氷河が広がり、どんな優秀な登山家にも技術的・精神的試練を強いる南壁。長さ三八キロメートルの峡谷に沿ってうねった道がベースキャンプまで続き、そこから岩や氷に阻まれながら頂上に至る通常ルートの北西面。いずれも高度があり、強風、そして極限の気候条件に翻弄される。山の西側には太平洋、東側にはアルゼンチンの大平原が広がり、二つの異なる気候が山の上空でぶつかって天候の急変を招く（私自身ものちに体験することになる）。

すでに降下を始めた飛行機は、数分後にはメンドーサに到着する。私の冒険の出発点。といっても、前から計画してそうなったわけではない。

数カ月前、ニューヨークへ出張する飛行機の中でばったりスキー友達に会った。ジュネーブの個人銀行家で、還暦の記念にアコンカグアに登るという。その彼に説得され、同行することになった。あっという間に計画が立てられ、一二月半ばに再びニューヨークに出張し、その足で南米に飛ぶことになった。登山用の荷物は先に送ってある。ところがニューヨークで電話が鳴った。

「マドフ・スキャンダル（元ナスダック会長による巨額詐欺事件）のことは聞いただろう。残って顧客の利益を守らなきゃならなくなった。申し訳ないが一緒に行けない」

青天の霹靂だった。このために身体を鍛え、荷物もすでに送ってある。結局、意を決して、現地の登山旅行会社を知るチリの友人に電話をかけ、登山ガイドと荷物運びの手配を頼んだ。

ちょうど二四時間後、万事手配が整ったとの連絡を受けた。一二月二〇日にメンドーサの空港まで迎えが来てくれるという。

そこからすべてが計画通りに運んだ。サンティアゴ・デ・チレの会社「バーティカル」の若い登山ガイド二名と私の荷物がメンドーサに到着し、二人は登山許可証の手続きと、装備の最終チェックをしてくれた。

今日は一日かけてラバに運ばせる荷を詰め替えた。夜、グリルレストランのガーデンで食事をしながら登山談義に花を咲かせ、私は二人のガイドのアコンカグア経験談から学ぼうと一心に耳を傾けた。興奮が徐々に高まる。夜通しのフライトの後であり、明日から大変な日々が始まることはわかっていたが、自然と話は夜深くまで続いた。

二〇〇八年一二月二一日(日) コンフルエンシア(標高三四〇〇メートル)

一二月二一日朝、頂上まで同行してくれる登山ガイドと合流した。エルネスト・オリヴァレス、おそらく最も名の知れたチリ人登山家だろう。アンデス山脈を北から南まで自分の庭のように熟知しているだけでなく、エベレストやナンガ・パルバットなどアジア大陸の八〇〇〇メートル峰も登頂していた。私は単なる大船どころか、名の通った大船に乗ったわけだ。オリヴァレスの助手、ギジェルモ・トゥルヒージョが高所で私の荷物を運んでくれることになった。

登山許可の申請手続きは、本人がメンドーサで行わなければならない。午前中に済ませ、昼には車でアコンカグア国立公園へ向かった。

アコンカグア山麓ペニテンテスへの道のりは、それ自体が素晴らしい。豊富なミネラルを含んだ、ほぼ不毛で乾燥したアンデス低地では見たことのない色の世界が広がる。

ペニテンテスでジープに積まれた荷物を、そこで待ち受けているラバの背に積み替える。まもなくして自然公園の入口に到着。最初のキャンプ地に向けて登り始める。

何もなければ登り始めの数時間は非常に快適で、むしろ楽な登山だ。緑の芝生、小さな湖、荷はまだ軽く感じられ、知り合ったばかりの者同士会話が弾み、身体は労せず緩やかな上り傾斜に順応する。目的地はまだ遠く、現実から目を逸らしていられる。

夕日が照る中、いつのまにか標高三四〇〇メートルにある第一キャンプ、コンフルエンシアに到着。見上げる峰々は煌々と光を浴びているが、こちらの渓谷は日陰となっており、急いで暖かい衣服に着替える。今夜は、数知れぬ冷たい夜の最初の一夜となる。

二〇〇八年一二月二二日(月) 高度順応

高度順応のための一日。私は登山であれ、ビジネスの世界であれ、成功し続けたいと願うのなら、けっして手順を端折ってはならないという信念を持っている。

気力が満ちていて、このまま標高四三五〇メートルにあるベースキャンプまで一気に登れそうにも思えたが、そんなことをすれば後々しっぺ返しを食らうことはわかっている。

盤石な基礎を築くことが成功し続ける真の条件であり、真実ほど人生で時間を節約してくれるものはない。

今日は、アコンカグアの南壁を望む四〇〇〇メートル超の絶景ポイントまで七時間の気楽なトレッキングを行う。南壁を正面に見ながら、エルネストから各登山ルートにまつわる話を聞く。初登頂の話、この山が世界有数の登山家たちに与えてきた喜びや悲しみ。命懸けで登る人々への試練について思いを馳せつつ、夕闇の中、第一キャンプに戻る。

私は長年の登山経験から、元気に下山できた者だけが本当の意味で登山に成功したといえるのだと思っている。もちろん、登頂することは動機としては重要だが、それを唯一の目標とすべきではない。登頂に一〇〇%の力を使い切るのではなく、八割ぐらいで登り、下りに余力を残しておくべきだというのが私の考えだ。

ビジネスの世界で有名な「ピーターの法則」（組織において人はその無能レベルまで昇進する）はここでも生きている。頂上が自分の能力の限界よりも一歩高く、登頂を試みることが命取りになる人もいる。山は、人間に相対的なものの考え方を強いる。準備万端の若い登山家にとっては造作なく楽しめる体験が、年配者にとっては真剣そのものの大仕事となりうる。かの有名な登山家、ラインホルト・メスナーもこう言っている。「登山家が年を取るほど、山は高くなる」

二〇〇八年一二月二三日（火）　プラサ・デ・ムーラス（標高四四〇〇メートル）

一番きつい日ではないが、ハードな一日。踏破すべき距離は三〇キロメートル以上。最初に三二〇〇メートルまで下り、その後、広大な河原道をゆっくりと登る。さらに急峻なクエスタ・ブラーヴァを経てようやくベースキャンプ、プラサ・デ・ムーラスに到着。ラバはここが終着点となる。

日は高く、日陰はどこにもない。石や岩だらけで足元が安定しない。一列になり、黙々と歩く。

今日は、機械的に歩を進めながら考え事をする日だ。

山登りの途中には、特別な技術はいらないが、ただひたすら歩き続け、スタミナを費やす段階がある。私が経営者としてクリエイティブでいられるのは、この「思考する時間」にふと革新的なアイデアが浮かんだり、バラバラだった考えが新たなアイデアに結実したりするからだ。

最近では、一つのことについて長時間熟考し、あらゆる方向から眺め、一旦分解してゼロから再構成し、新しい方面に展開し、それまで存在していなかったまったく別の可能性に気づく、といった時間がほとんどない。というより、本当はつくっていないのだ。

ビジネスの世界においても、クリエイティブな仕事は、膨大な情報量や「マルチメディア使用経験」からは生まれない。長時間途切れない集中を要する抽象化、分解、再構成の労を惜しまないで初めて可能になる。私の場合、登山がその機会となる。慌ただしさの中で大きな決断を下すのは非常に危険だ。いっときの忍耐が不運な事態の大半を阻止してくれるし、少しリラックスすれば、よりよい道が見えてくることも多い。

私は登山を通じてこのことに気づいた。そして「智を磨くには三つの法あり。第一は内省にしてもっとも高尚なり。第二は経験にしてもっとも苦痛なり。第三は模倣にしてもっとも容易なり」という孔子の言葉に共感する。

ベースキャンプでは、テント、食事、アコンカグア登山道を鮮血のように赤く染める夕陽、ラバが運んだ荷物が我々を待ち受ける。明日はその荷物と格闘しなければならない。

二〇〇八年一二月二四日（水）　次段階の準備

今日は、なかなかテントまで日射しが届かない。午前九時一五分にようやくテントの壁面に張った氷が溶ける。

クリスマスイブだが、次段階の準備に追われる。いよいよ計画とロジスティクスを詰める。必要な日数、野営場に寄る回数、一人当たりの水の量と雪や氷を解かすのに必要な燃料の量など。どんな冒険においても、ロジスティクスは私にとって決定的な部分を占めてきた。最良と思われた戦略も、十分な実行力とロジスティクスがなければ失敗する。もっといえば、事業の成否は、戦略の良し悪しではなく、戦略を具体的で一貫性のあるアクションに落とし込み、意欲あるチームに遂行させる力が組織にあるかどうかにかかっている。

ネスレモデルもその例に漏れない。五～六％のオーガニックグロース（M＆Aによらず内部資源を活用した売上増）、利益率の持続的増加という目標、食品会社から世界有数の栄養・健康・ウエルネス企業になるという長期戦略、巨大タンカーから補給部隊を共有する柔軟性の高い艦隊への変身にたとえられる組織再編。どれもネスレがまったく新しい「ロジスティクス」を考え、実行しなければ水の泡と化し、実現しなかった。そのロジスティクスは今、「GLOBE」（Global Business Excellence）として世界中に知れ渡っている。六年間にわたり、三〇億スイスフラン、二一〇〇人を投じた。私がGLOBEを自分のCEO在任期間でおそらく最も重要な遺産だろうと話すのには、それなりの理由がある。

GLOBEなしでは、会社の戦略を実現することも、今日GLOBEによって得られているさまざまな競争優位を築くこともできなかった。

ちょっとした登山であっても、ロジスティクスに関する判断は重要だ。高高度では、リュックサックに一キロでも余分な荷物があればエネルギーを大幅に消耗する。逆に一キロでも足りない荷物があれば、それは凍えるような低温下でのエネルギー不足、耐性不足につながりかねない。事業において運転資本のバランスが成否を決めるように、ちょうどよいバランスを見つけなければならない。

義務である検診と他の登山者たちとのおしゃべりで、あっという間に日が暮れる。心のこもったクリスマスのごちそうを素早く食べ、家族の幸せを祈って一日を終える。

二〇〇八年一二月二五日(木) ニド・デ・コンドレス(標高五五九〇メートル)

朝から皆体調が良く、五〇八〇メートル地点のプラザ・カナダキャンプに寄らず、そのままニド・デ・コンドレスキャンプまで登り続けることにした。

長く険しい道だが、全員が楽にこなす。「早く行きたいなら一人で行きなさい、遠くへ行きたいなら皆で行きなさい」という中国の諺を思い出す。

山を登っているときは、家で安楽椅子に座っているときとまるで違うことが頭に浮かぶ。だらだらと続くこの登山道で、私はビジネスの中でも特に、金融の世界でよく不快感と共に遭遇する何かと向き合っていた。それは、闇雲に前へ進ませようとする圧力だ。熟考した大人のやり方ではない。

金融界の人々は、「高給をもらっているから仕事が速くなければいけない」というモットーに従って生きているかのように見える。だが実際は違う。高給取りなら、いい仕事ができなければおかしい。けれどもそれは、希望的幻想かもしれない。

ニド・デ・コンドレスは最後の平地だ。その先にそびえ立つ峰が見える。午後遅く到着し、テントを張る。寝袋に入って横になり、テントの窓から仲間が氷を水に戻すのを眺める。

山では流水が最も大切な資源だ。私に言わせれば、山に限らず水は人類にとって最も重要な資源だ。にもかかわらず、その認識は低く、水を大切にしていない。すでに四年間、水問題に全力を傾けてきたが、今後も引き続き多くの時間を注ぐことになるだろう。

上に登るにつれ景色が変化する。このキャンプからは、つい先ほどまで畏敬の念で見上げていた峰々を見下ろすことができる。はるか下方のベースキャンプに明かりが灯る。こちらはまだ明るい夕陽の中にいる。

二人の登山ガイドが隣のテントで夕食の支度をしている。満足げなまぶしい笑顔。ここが大好きなのだ。彼らは、私がよく社会に出る人たちに贈る言葉を体現している。「汝の愛するものを仕事に選べ。そうすれば生涯一日たりとも働かなくて済むであろう」(孔子)

二〇〇八年一二月二六日(金)　レフヒオ・ベルリン(標高約六〇〇〇メートル)

夜間は冷え込んだため、朝一番の日射しと熱いお茶を心待ちにする。

スケジュールは定まっておらず、この高度での私の体調いかんという計画になっている。三時間のトレッキングに出かけ、それが順調にいったため、次のレフヒオ・ベルリンキャンプまで登り、翌朝、登頂を試みることになった。

持っていく荷物を再び選別し、不要なものをテントに残す。午後二時、快晴の中、頂上をくっきりと前方に見ながら出発する。

わずか二時間後に猛吹雪。重い足取りで登るが、この山を九回登ったエルネストのおかげで予定の時間内にビバークできるシェルターが見つかる。今度は凍てついた地面に野営。吹雪の音、雪を溶かして貴重な飲料水をつくるガスバーナーの音が、暖かな寝袋にもぐる我々の耳を満たす。それぞれが思っていることだろう。「さあどうする?」

もちろんこの先のことは登山ガイドの判断に委ねられているが、遠征隊の一人ひとりの意見や提案も無視できない。山の上にいようが下界にいようが、つまるところは同じだ。自由を行使し、信頼を築き、責任を取ることができるのは、組織ではなく個人なのだ。

日が暮れるにつれて風が収まり、午後九時に決断した。「起床は午前一時、その一時間後に出発」

二〇〇八年一二月二七日(土) 吹雪に阻まれる

その夜は長く短い。長いのは、六〇〇〇メートルという高度を初めて実感して、なかなか寝つけないから。短いのは、最後の明かりが消えた四時間後には起きなければならないからだ。装備を身につけるのも一苦労。一時間以上かかってようやくテントの外に出る。

闇、雪、風、そして黒い氷が待ち受けている。頭から爪先まで防寒着で覆ってかろうじて耐えられる寒さ。最初の絶壁をゆっくり登ると、六二〇〇メートルの尾根に達する。比較的風から守られ、順調に進んでいる。

ところが尾根に達したちょうどそのとき、山の向こう側から突然吹雪に煽られ、バランスを崩す。雪に顔を殴られ、話すことができない。エルネストに目をやると合図をしている。引き返す。

夜が明ける前に再び寝袋に戻る。ビバークのシェルターに無事戻って来られたことに安堵し、うたた寝する。

ふと、ブラジル人の登山家夫婦のことを思い出す。数日前、大人数の登山隊で登頂した。自分の限界を超えて頑張りすぎた女性は、下山する体力がなく、消耗し切って倒れ込んでしまった。

彼女とその夫はその場に残り、他のメンバーは翌朝の救助を呼びに下山した。二人はビバークサックも寝袋もないまま夜を過ごさなければならなかった。翌朝救助が到着したときには、夫は死亡しており、妻は重い凍傷のため手足を切断することとなった。

広い意味でのリスク管理と責任について考えさせられる。失敗のリスクなしに成功はない。苦労なしに本当の満足感は得られない。批判なくして新たな機会を開拓することはできない。そして、信頼なくして真のリーダーシップはない。

常にリスクを相殺し、強みと弱みを客観的に評価し、最終的には直感に従うことが人生を分ける大きな決断につながる。責任についていえば、あまりに一方的な見方しかしていない場合が多いと思わざるを得ない。老子が言うように、「人は為したことだけでなく、為さなかったことに対しても責任をとらねばならない」。

午前一〇時には太陽が燦々《さんさん》と輝きを放ち、山を覆う新雪以外に、この二〇時間に及ぶ吹雪の痕跡はない。衛星電話を使ってチリの測候所に連絡を取ると、次に悪天候をもたらす前線が山にかかるまで二四時間の猶予があるとのこと。ここに留まり、明朝再び登頂を試みることを即断する。

二〇〇八年一二月二八日（日） 再度の挑戦

六〇〇〇メートルの地点に着いて三日目の朝は早い。午前一時頃起床。風の音はなく、外を見ると空に星が瞬いている。だが、外気温は摂氏マイナス三七度！　持っている衣類すべてを身につけ、一センチたりとも肌を露出させない。それでも出発すると極寒の衝撃は大きく、いかに寒さが体力を奪い去るかを思い知らされる。

星空の下の登山は美しいが、寒さのせいであっという間に爪先や指先の感覚がなくなる。比較的順調に進むものの、尾根に到達し、凍てつくような寒さと風が再び加勢すると、気にしていた凍傷の徴候がさらに顕著になる。

およそ三時間後、六四〇〇メートル地点のプラザ・インデペンデンシアに着いたが、私は引き返す決意をする。我々の他に頂上に向かう者はいない。この風と寒さの中では止まって休むこともできない。登頂しても戻って来られないリスクが大きすぎるように感じた。

登山ガイドは二人ともすぐに、私の決断に同意した。後から聞いたところでは、実はほっとしたという。やるべきことはすべてやったが、この日、山は迎え入れてくれなかった。我々のことも、誰のことも。

数日後に登頂に成功した人もいたが、英国、イタリア、アルゼンチンの登山家六名が極度の疲労と凍傷のために、残念ながら命を落とした。山では、そして人生においても、成功と悲劇は本当に紙一重だ。

共通価値の創造(CSV)

山の環境、テントで過ごす長く孤独な夜、登山と下山の途中で度々訪れる沈黙の時間。その中にいると、人や企業はどのように生きれば後々まで続くような影響を世に与えることができるのだろうか、といつも考えさせられる。

ここで、長年の内省により結晶化した気づきに戻りたい。「自由を行使し、信頼を築き、責任を取ることができるのは、組織ではなく個人である」。この観点からすれば、企業を強くするのは人、社員であることは明らかだ。したがって、経営や企業理念の中心には社員がいなければならない。社員が会社の価値観や理念にコミットし、責任を引き受けなければ、企業は長期的な発展などできない。

企業の持続的繁栄のもう一つの重要な礎は、その商品、ブランド、サービスが常に顧客にとって意味のあるものであることだ。ネスレが売上目標を達成するには、毎日、世界の一〇億人の消費者に自発的にネスレの商品を選んで買ってもらわねばならない。ブランドイメージを革新し続けるなど、商品やブランドに投資することで、この「意味」を維持し強化することができる。

ネスレが目指しているのは、未来の世代がネスレの提供する商品に革新性と親しみやすさの両方を感じてくれることだ。そして、企業理念や社会的姿勢に対する消費者の関心はますます厳しく正当なものになっている。規則を守ることは企業として最低限の道徳的スタンスであり、それだけではもはや十分とはいえない。

最後に、企業はその経済的目標を、株主、社員、消費者、取引先、国家経済など、利害関係者（ステークホルダー）すべてに持続可能な価値が創造されるよう設定する必要がある。この価値は、共に創造しなければならない！　唯一の方法は、すべての意思決定を持続可能性と長期目標に基づいて行うことだ。その意味で、ネスレは、企業の持続的成功と成長を犠牲にして短期利益を追求することはない。とはいえ株主や金融市場からのサポートを得て、何よりも必要な投資を行うために、毎年高業績を上げなければならないことも認識している。

私は、企業の真の力は、その規模や事業運営能力ではなく、理念や目標の力にあると確信している。長期にわたって共通価値を創造し続けることを目標に掲げ、営業活動の指針とする人間的な企業で働く機会に恵まれたこと、そして何よりも、自分の人生観が会社のそれと一致していることを、夕陽照る山を登りながら幸せに感じている。

知られざる競争優位——目次

第5章 CSV——共通価値の創造 185

ネスレはなぜCSVに挑戦するのか

第6章 ブラベックの次なる使命

ネスレはウエルビーイング企業を目指すのか

第1章

ネスレ主催の朝食会

ダボス会議のもう一つの顔

Breakfast at Nestlé

ダボス会議のもう一つの目玉、朝食会

アコンカグアの冒険から四週間、ピーター・ブラベックは一転して日常の課題、業務、締め切りの渦中に戻っていた。

午前七時、スイスの都市ダボス。二〇〇九年一月の朝、二時間後に開かれる第三九回世界経済フォーラム年次総会（通称ダボス会議）の活気と喧噪の兆しはまだない。この会議に出席する二五〇〇名というフォーラム史上最多の政財界のトップが、美しいアルプス山脈に囲まれたグラウビュンデン州に集結している。

摂氏マイナス一二度の骨まで凍りつきそうな朝、暗い通りを急ぐ人々がぽつぽつと見える。行き先は、午前七時二〇分に始まるネスレ朝食会だ。むろん、食事に期待して早起きしたのではない。メニューはわざとシンプルなものになっている。お目当ては、他では得られない価値の高い、ダイレクトな情報だ。年次総会の公式プログラムとは別に、企業主催の盛大な食事会がそこかしこで開催され、メディアに取り上げられる。重要なのは中味よりも見たり見られたりすることだ。他にも朝食会を主催する企業はあるが、会合の内容、他では得られない情報、そしてダボス会議における意見を方向づけることに関していえば、ネスレほどよい朝食場所はない。

そこでは、厳選された八〇名のゲストが一〇台の円卓を囲み、ネスレの健康的な朝食を楽しむ。シリアル、ヨーグルト、チョコレートはどうも……という出席者には別のメニューも用意される。

実は資源、食糧より深刻な「水問題」

二〇〇九年一月三〇日の会議のテーマは、「次の食糧危機——回避は可能か」であった。ネスレのピーター・ブラベック会長が、史上最多に達した参加者に歓迎の意と趣旨を述べた後、七名が短いプレゼンテーションを行った。ブラベックの挨拶をまとめると次のようになる。

今日の三大危機はどれも「F」の文字で始まる。盛んに議論されるが一向に解決されない金融危機、石油危機（ブラベックに言わせれば、まだ何年も先まで賄えるのに若干誇張されている）、そして食糧危機である。

金融危機と食糧危機の最も大きな違いは、金融危機が快適な生活を送る人々に影響を与えるのに対し、食糧危機は世界で最も貧しい人々を苦しめるところだ。だからいま以上に注意を向けなければならない、とブラベックはいう。

食糧危機の背景はこうだ。二〇〇八年、飢えに苦しむ人々の数は一〇億人に上り、飢餓と栄養不良の撲滅という世紀の目標には程遠い。我々は飢餓を撲滅するどころか、悪化させている。

二〇〇八年だけを取っても、飢えに苦しむ人の数は四〇〇〇万人増え、その原因を農業生産の減少に帰すことはできない。むしろ、同年は人類史上最高の豊作年だった。穀物生産が五・四％増加し、二二億四五〇〇万トンに達したにもかかわらず、二〇〇九年の需要予測を満たすだけの食料は生産されなかった。

問題の根本には、主食の価格動向がある。最も重要な穀物は、二〇〇五年に比べて七〇～八〇％値上がりした。おしゃれなレストランでパスタを食べている人には大した問題ではないかもしれないが、世界の貧困層にとっては大問題だ。

原材料への投機の悪影響についてはよく議論されている。「誤解のないように申しますが、我々ネスレは、人が生きるために必要な主食に対する投機には反対です」とブラベックは主張する。そして、投機家は将来起こることとしか予測しないともいう。そのため、特定の期待と政治的な誤算が市場価格に反映されるが、それは単に、投機家が他の人よりも情報を持っていたにすぎない。

この問題の大きな要因の一つは農業生産性の低下であり、それは今後も変わらないだろうとブラベックはいう。一九九〇年まで、農業生産性は世界人口よりもはるかに速いスピードで向上しており、工業生産に比べても速かった。その結果、食料品や農産物の価格は三〇年間で七〇％以上下がり、世界の人々の栄養状態が一時的に向上した。しかし残念ながら、価格の下落は農業生産における投資家利益の減少も意味する。

近年、生産性が伸び悩んでいるのは、政治的理由と感情的理由の両面から、持てる技術をすべて使ってこなかったからだとブラベックは考えている。欧州における遺伝子組み換え作物に対する議論がその一例だ。

さらに悪い状況にあるのが水問題だ。例えば、サウジアラビアは数年前まで年間三〇〇万トンを超える小麦を輸出していたが、灌漑に地下水を大量に使用することから水不足に対する不安が起こり、生産を中止した。

植物栽培において水は深刻な問題だ。大規模な穀物栽培が行われているところは、世界中どこでも大量の引水によって地下水位の低下が起こっているからだ。

この傾向が続けば、二〇二五年には世界の穀物生産量が三〇％失われるとブラベックはいう。それは実に現在の米国とインドの生産量を合わせた量に相当し、世界人口の三分の一が栄養失調に陥ることになる。

しかも、バイオ燃料を推進するという政治判断がこの流れに拍車をかける。エタノール生産は控えめなスタートを切り、二〇〇八年のおよそ一五〇〇万ガロンから二〇一七年には二五〇〇万ガロンに増えることが予想されている。しかしこの先、石油消費量の一～二割をバイオ燃料で代替するという政治目標を考えると、状況ははるかに悪くなりそうだ。

燃料と食料はどちらもカロリーを単位とする。カロリーベースで計算すると、今日、世界のエネルギー市場は食料市場の二〇倍の規模である。したがって、エネルギーの五％を植物から得ようと思えば、農業生産を倍にしなければならない。それに伴って水の消費も倍になるが、そんなことはあり得ない。

世界人口を養うのにすでに苦労しているが、その人口もまもなく九〇億人に達しようとしている。水資源の枯渇を考えれば、水の使い方を見直す必要があるのは明らかだ。そうしなければ、九〇億人分の食料を供給することなど不可能だ。

ブラベックは、次のようなステップがこの問題を解決に導くと考えている。

①生産者から消費者へ渡るまでの食料のロスを減らすためのインフラ及びサプライチェーンの改善
②農業生産性の向上を促進する方法の導入。つまり第二の「グリーン革命」
③市場の開放と、過去の政治の失敗の是正
④水の価格・コストという概念の確立と法改正による農業用水問題の解決
⑤バイオ燃料政策の見直し。食料源からのバイオ燃料生産の禁止を含む

水資源管理は、グローバル企業のエゴなのか

ダボスで開催しているネスレ朝食会は、プレゼンテーションを見た参加者に、世界が置かれて

いる状況について自分なりの考えを持ってもらうことを狙いとしている。このプロセスを通じて、今後のダボス会議の公式アジェンダに載るような新たなテーマが生まれる。水問題はまさにその一つで、二〇〇五年のネスレ朝食会で初めて取り上げられた。

この年、ブラベックは、水問題をダボス会議の議題に挙げたが、図らずも二〇〇四年一二月二六日に東南アジアに発生した津波が、会議に暗い影を投げかけていた。この災害が水の破壊的な力、そして生き残るための飲料水の重要性を際立たせた。

「水をめぐる世界」というテーマには三つの見出しがついていた。

①社会、国際法、政治の立場から見た水
②世界及び地域の水不足の危険と対策
③水問題解決のために企業・経済界にできること

ブラベックの狙いは水問題に対する世界の世論形成者や意思決定者の認識を高めることであり、それには最重要議題の一つとしてアジェンダに載せる必要があった。さらには、二〇〇五年のネスレ朝食会の内容が忘れ去られないよう、公式サイトを立ち上げた（the-world-around-water.net）。

このときブラベックは、ネスレの責任についても言及している。世界の水消費量において同社の占める割合は全体の〇・〇〇五％、そのうちボトルウォーターに使用されるのは〇・〇〇〇九％だ。それでも世界をリードする食品メーカーであるネスレは、この数字をはるかに超える責任を負っており、水資源の節約と持続可能性に配慮した利用方法を見つけることに尽力すると述べた。

それと同時に、誰もが手の届く料金で水を使えることも重要である。議論の結果、無料のものは浪費されやすいため水は有料であるべきだ、あらゆる業種や農業において節水すべきだ、そして世界中においてその質も非常に重要だとの見解に達した。二三億人が汚染水が原因で病気になり、乳幼児の死因の六〇％が汚染水による水系感染または寄生虫性疾患だ。「つまり、水は人道的資源であり、したがって商業利用する原材料以上のものである」

ブラベックは、その後数年にわたり水問題をさらに強調して取り上げたが、その要求や提案に耳を傾けてもらえないこともあった。政治家や非政府機関、グローバル化に関する評論家の中には、彼の主張をねじ曲げて反論する者もいた。ブラベックは、独紙『ヴェルト日曜版』の二〇〇六年七月のインタビューでこうした批判に答えている。

――水管理の問題について私見を述べたことで、強欲なグローバル資本主義者というイメージがついてしまいましたが、後悔はしていませんか？

「後悔することは何もありません。本当のことを言い、自分の責任を果たしているだけです。

私たちは今、世界で最も重要な資源を無責任に利用しているのです。水に値段がついていないために、価値も認識されていません。危険なことです。

ただ、私の言ったことは少し誤解されています。問題は一人の人間が一日に最大五リットルの水を飲むことではなく、欧州では一人当たり五〇〇〇リットルの水が間接的に消費されていることです。その五〇〇〇リットルは食料生産に使われています。

エタノールなどの再生可能エネルギーに関しても同様の問題があります。エタノールの生成では大量の水を消費します。こうしたコストを加味すれば、代替エネルギーの値段ははるかに高くなり、水の価値について真剣に考えなければならなくなるはずです」

――風に逆らうのがお好きなんでしょうか？

「登山家としても経営者としても慣れています。逆風が吹いたからといって後戻りはしません。風向きに関係なく、自らの信念に従って行動することは社会的責任の一つでしょう」

――他の経営者は沈黙していますが。

「意見を述べることを自分の仕事だと思っていない経営者やＣＥＯも確かにいます。ですが、政治家に何でも決めさせていいはずがありません。企業はもっと関与していくべきです。しかも公の場で。こっそりとほのめかすだけでは十分とは言えません。人類すべてに水を利用可能にするといった問題は、将来の最重要課題の一つとなるでしょう。誰も避けて通ることはできないのです」

二〇〇七年三月、ネスレは「ウォーター・マネジメント・レポート」を発行した。グループ企業内の水の消費量、消費者向け飲料水の供給量、農業や地域社会における水管理について書かれている。

この報告書を作成した理由が三つ挙げられている。第一に、世界最大の食品飲料メーカーであるネスレは、品質の高い製品を作るためにきれいな水を利用しなければならないこと。第二に、ネスレが直接コントロールする食料生産においてどのような対策を講じ、ネスレの事業活動以外できれいな水の利用をどう改善できるかを記録するため。第三に、ネスレは利益団体の主張に注意を傾け、世界のすべての人が水を利用できるようにする方法を探っていること。「協力し合うことによって水資源の利用にプラスの影響を与えることができる」とレポートに書かれている。

この報告書に目を止めたドイツの週刊紙『ディー・ツァイト』が二〇〇七年四月、水をテーマにインタビューを行った。このときブラベックは次のように語っている。

「当社にとって水はきわめて重要です。それは大量の農産物が必要とされているからです。欧州人は、飲用、洗濯や入浴などに一日平均五〇リットルの水を使用しますが、その他に食料生産に六〇〇〇リットル使用しています。人が食料から同じ一カロリーを得るのに、作物ならば一リットルの水で生産できますが、家畜の場合は育てるのに一〇リットルの水が必要です。そこに問題があるのです」

水に値段がついていないことが問題なのだとブラベックはいう。

「スペイン南部の農家は、一般家庭が支払う水道料金の三％しか支払っていません。カリフォルニア州ではたった二％です。イタリアの多くの地域では、農家は地下水を汲み上げて使用しているため、料金の計算も支払いもありません。スペインで農業をやるのとドイツでやるのとはまったく違います。スペインでは、水が雨として天から降ってくるのですから。水が実質ただなので、結果的に欧州の農業生産を担っているのです」

水は人間の基本的権利かと聞かれ、このように答えている。

「そうです。ただし、一人当たり一日二五リットルだけです。私設プールや農業などに使用する何千立方メートルもの水に関しては別の規制が必要です。南アフリカはそうした規制を実施しており、世帯ごとに一カ月六〇〇〇リットルまでは無料で使用でき、それを超えると有料になります。スイミングプールを持つのは基本的人権ではありません」

農業保護の必要についてはこう述べている。

「数百万人の特権をそのままにして、その結果、何十億もの人々の生活向上が妨げられるのは承服しがたいことです。私たちは毎日、農家への補助金を何十億ドルと支払っています。欧州にいるすべての雌牛をファーストクラスで世界一周させ、しかも雄牛も同行させられるぐらいの金額です。それが欧州の農業政策なのです」

ネスレが販売するボトルウォーターと水道水との価格差（「ヴィッテル」一リットルの値段は、水道水のおよそ八八〇倍）についてこう述べている。

「欧州で一リットルの飲用水を水道水から得ようと思ったら、シャワーやトイレ、洗濯機、洗車で消えることになる水を平均して三〇〇～四〇〇リットル浄化する必要があります。食器や自動車を『ヴィッテル』で洗う人はいませんよね」

ネスレは、ボトルウォーター一リットルにつき、パッケージング、ボトリング工場の洗浄などに〇・六リットルの水を使う。これに対し、ソフトドリンクでは平均して三～四リットル、ビールは最大七リットルの水を使い、しかもホップやモルトの栽培に要する水はカウントされていない。「ボトルウォーターを飲んだほうが節水になるのです」

ボトルウォーターを禁止しても問題は解決されない

これまで、水問題が世界の問題や人類の未来を焦点に公に議論されることはほとんどなかった。

米国での「ボトルウォーター廃止キャンペーン」や、それを導入したスイスの政治家に見られるように、利己的で金銭的な目的の追求にすぎない場合が多い。

二〇〇八年六月二三日、マイアミで開催された全米市長会議で、米国の市長二五〇人の過半数がボトルウォーターの利用に反対票を投じた。市の水道水を守るだけでなく、環境上の理由により、これ以上納税者のお金を使ってミネラルウォーターを買うべきではないという結論に達した。

欧州式の廃棄またはリサイクルシステムがない米国の都市は、空きボトルの廃棄におよそ七〇〇〇万ドル費やしている。スイスキリスト教民主党のヴォー州代表国会議員で、ローザンヌにあるスイス連邦工科大学（ＥＰＦＬ）の名誉教授でもあるジャック・ネイリンクでさえ、ボトルウォーターの販売禁止を求めている。処方によってのみ薬局で購入できるようにするべきだという。その主な論拠は省エネだ。ボトルの充填、輸送、製造に要するエネルギーコストが水道水に比べて高すぎるといい、「ほとんどマーケティングで売っている」ことが気に入らないようである。

ブラベックは、そのような議論に激しく反論している。「ボトルウォーターは、最小限の水を使って質の高い飲料を提供しています」。そして、水道水の価格は政治的な理由によって低く設定されすぎているため、水のパイプラインに十分な投資がなされていない、と付け加えた。

欧州では飲用水のおよそ三〇％、途上国では最大七〇％が水道管から漏れて失われている。欧州では、飲用水は一人当たり一日九リットルあれば十分であるにもかかわらず、四〇〇リットルが処理されているのだ。実際に消費される飲用水を浄化するために浄水場で使用されるエネルギーや、水のインフラの維持交換に必要なコストを考慮すれば、消費される水道水一リットル当たりのエネルギーの値段は、ミネラルウォーターより大幅に高くなるだろう。

消費者は他の商品と同様に、ボトルウォーターもブランドによる違いを感じているとブラベックは指摘する。そうでなければ、スーパーにはノーブランドの商品ばかりが並ぶはずだ。百年前でさえ、医師や科学者は特定の成分や、「ヴィッテル」や「コントレックス」、「ペリエ」といった特定の水源からの水に治療的価値があることに気づいていた。誰もがスパに行くお金を持っていたわけではなく、消費者はそうした商品を求めていた。環境保護に関しては、スイスのような効率的なリサイクル制度に答えがあるとブラベックは考えている。

二〇〇八年、世界経済サミットの主要テーマとして水が取り上げられた。事前準備の一環として、世界経済フォーラムの創設者で議長のクラウス・シュワブ教授がブラベックと共同で著したマニフェストを公表すると、三〇以上の国際メディアがそれを取り上げた。

世界経済フォーラムは、「官民連携」の取り組みの一つとして世界経済フォーラム・ウォーターイニシアチブを立ち上げ、そのテーマは、「農業における水利用」と「水政策改革」に絞られた。フォーラムの取り組みは、国連グローバル・コンパクトの「CEOウォーター・マンデート」イニシアチブに沿ったものだった。

二〇〇九年も水が再び議題に上った。世界経済フォーラムは、時とともにブラベックの社会政治活動の基盤としてますます重要になりつつある。ファンデーションボード（最高意思決定機関）メンバー、またインターナショナル・ビジネス・カウンシル（世界経済フォーラムの諮問機関）の議長として、ネスレが世界から脚光を浴びる舞台を用意している。

column

本物の責任感を持った企業ステーツマン

——世界経済フォーラム創設者 クラウス・シュワブに聞く

クラウス・シュワブ。一九三八年生まれ。チューリッヒで機械工学を学び、技術科学で博士号を取得した後、フリブールで経営学を学び、経済学で博士号を取得。その後ハーバード大学に学び、一九七一年から二〇〇二年まで、ジュネーブ大学で起業政策教授を務める。
一九七一年には、慈善組織ヨーロピアン・マネジメント・フォーラムを創設し、議長として世界の経済、社会、政治問題について話し合うコミュニケーションプラットフォームを築く。一九八七年、世界経済フォーラムに改名。また、社会起業家精神の高揚と社会起業家の育成を目的とした非営利のシュワブ財団も設立。現在は会社役員や顧問役からは退いており、社会・文化問題に関わる委員会の委員のみを務めている。

——ブラベックとはどのような経緯で知り合い、関係を深めたのでしょうか。

「もう二〇年以上の付き合いとなります。初めて会ったのは一九九〇年、ここジュネーブでベネズエラの閣僚と会合を開いたときです。彼は南米に大きな関心を持っていました。
最初に少しお話ししますと、世界経済フォーラムは会員制組織であり、メンバーの選定を厳格に行っています。メンバー数を一〇〇〇社に限定しており、ネスレは二〇年以上前から参加しています。ネスレの会員種別は最上位層です。戦略的パートナーとして、通常の活動にとどまらない密接な協力関係にあります。フォーラムが政財界の橋渡し役として機能を果たすために、よく政治経済の問題について話し合っています。

一九九六年、フォーラムは東西欧州の関係強化に深く関与しており、数多くのハイレベルな討論の場を主催していました。そこにブラベック氏も参加していました。当時、ネスレのトップはヘルムート・マウハーでしたが、二〇〇〇年に取締役会会長に退き、以降ブラベックがネスレ代表としてすべてのダボス会議に出席しています。

我々は、各業界大手との関係構築が重要だと考えています。ネスレが評議会委員を二〇年以上務めているのはそのためでもあり、マウハーに代わってブラベックがその委員を引き継いでいます。

我々の評議会は、一般的な評議会とは違います。委員全員が積極参加しており、年四回の会議の出席率は毎回七割以上です。評議会は非常に大きな役割を担っており、なかでもブラベックは特別な位置を占めています。疑問や異論があればすかさず発言する一番やかましい委員ですが、同時に、何か問題が起こったときに私が頼りにする人でもあります。

それで彼の人間性がおわかりいただけるでしょう。人の役に立ちたいというだけでなく、誠意を尽くす。我々の間にあるのは『苦い透明性』さえも排除しない友情の絆、真のパートナーシップです。考え方は違っても、思っていることを言い合います。それで常に自分の立場を確認しているのです。誰かの批判ではなく、自分が重要だと思うこと、それに本気で取り組む意志があるということの表明です。

強力な個性の持ち主同士、意見が異なるのは当然であり仕方のないことです。そのときはよい気持ちはしませんが、時が経つにつれ、そうした相手だからこそ信用できることに気づくのです。私が特に魅力を感じるのはその点です。

それに彼は律儀で、自分の助言が受け入れられなくても根に持つことはありません。意見の表明によって務めを果たしているのであって、これまで幾度もあったように、私が最終的に異なる判断を下しても、恨み言は一度もありませんでした。常に意見が対立するわけではありませんが、対立する理由は彼が実業家であり、私とは違う観点で物事を捉えているからです。

ブラベックは、私よりもリスクに対する意識が高いと感じます。経営者としての彼の考え方には、その注意深さ、粘り強さが現れています。ネスレを伝統的な食品メーカーから健康・栄養企業に生まれ変わらせたことからもわかるでしょう。実績のある従来のやり方を無視することなく、ときに大きなステップを踏みながら地道に実現したのです。

フォーラムは急激に変化する世の中の動きに対応しようとしており、時折ブラベックに『多方面に手を広げすぎて質を危うくしている』と言われることがありました。しかし、我々が道を間違えていなかったことは、これまでの成功が示している通りです。

我々は非営利組織ですが、経営者マインドを持つ人々が核となっています。金融危機にもかかわらず二〇〇八年度には一五%の成長を遂げ、すべての分野で予想を上回る結果を出しました。どの会員種別でも、参加者とウェイティングリストの数が史上最多を記録しています。

さて、ブラベックとどのようにして親しい関係になったかについては、エピソードを一つ紹介しましょう。彼のことはネスレ経営陣の一人として数年前から知っていましたが、個人的にはよく存じあげなかった。変化があったのは、9・11を受けて、米国のメンバー企業との結束を示すために、二〇〇二年一月のフォーラムの年次総会をダボスではなくニューヨークで開催することに決めたときです。

私はこのニューヨークの会議にイスラム教、ユダヤ教、キリスト教の代表者を招きました。一月の凍てつく朝、世界貿易センター跡地グラウンド・ゼロへ彼らと向かいました。そこでしめやかに慰霊祭を行う予定だったからです。そのことは他の出席者には伝えていなかったのに、バスに乗ると、そこに彼の姿があった。話を聞きつけて自分も同行しようと決めたそうです。

このとき初めて個人的な関心を持ちました。宗教の代表者たちはそれぞれのやり方で祈りを捧げました。彼らの目には涙が浮かんでいました。ブラベックも感極まっていた。その瞬間に私は彼との絆を感じたのです。自分の人間らしい部分はなかなか人前では見せられないものです。特にブラベックのように多忙なリーダーともなれば、引き合いが多く、分刻みで仕事に追われるからです。ツインタワー跡地訪問と宗教を超えた慰霊祭が彼との関係を築くきっかけになりました。少人数だったこともよかったと思います。

もう一つ、ブラベックとの共通点があります。私は、リーダーの役割を担う者は、身体の健康と自然とのつながりをなくしてはならないと思っています。私自身、年に二、三回、四〇〇〇メートル級の山を登るよう心がけていますが、年に一度しか実現しないこともあります。フォーラムの仲間といつも三〇名くらいで、グランパラディーゾやモンブラン、モンテローザへ出かけます。毎年その大物のどれかを攻めます。

私にとって過酷な登山が大事な理由はいくつかあります。第一に、私はとっくに超えていますが、還暦を過ぎてもまだ健康で体力があるかどうかがわかること。第二に、チームのメンバーは誰もが対等ですから、三〇人で大部屋やテントに泊まれば、全員が同じ運命を共有する仲間です。大勢の中の一人、チームの一員だと実感するのです。

ブラベックも山に登るので、同じような信念を持っていることは知っています。ビジネスの世界では高い地位にあっても、彼はいつでも難なく一般市民のレベルに下りることができるのです。

彼は、仕事と私生活の切り分けも大事にします。自分が注目を浴びるような、人の集まる場所には行きたがりません。素晴らしいことだと昔から思っています。ザルツブルクやルツェルンで開かれるコンサートを除いて、社交の場で彼の姿を見たことがありません。

音楽や自然への造詣、公私の区別が彼に人間的な深みを与え、近寄りがたさを和らげていると思います。いつも自分に正直であり続けてきた人、という印象を受けます。会社の広報によって操作された人物像ではなく、自然に培われてきた確たるアイデンティティの持ち主です。

類稀なリーダーであると同時に誠実な人間であることが、彼が成功した所以でしょう。私は、リーダーには三つの資質が必要だと思っています。第一に、明確なビジョン。第二に、そのビジョンを夢のままではなく、戦略に落とし込めること。そして第三に、その戦略を実行できること。

多くの人がビジョンを欠き、あるいはたとえ持っていて戦略に落とし込めたとしても、それを実行に移すことができません。ブラベックは、三つの資質すべてをしっかりと培ってきました。それが指導者としての強みになっていますが、それは職務を超えて一つの価値観になっています。

私は、世界中の人格者を知っていますが、ブラベックは、ネルソン・マンデラやシモン・ペレスと並ぶ、私が感銘を受けた世界の一〇人のうちの一人です。

フォーラムのボードにも積極的に関わり、私の知る限り、彼が参加しなかった会議はありません。彼はフォーラムのインターナショナル・ビジネス・カウンシル（IBC）の議長なのです。フォーラムには極めて影響力のある信頼されるビジネスリーダー一〇〇人が集まっており、そのリーダーたちのリーダーですが、そのことは一般にはあまり知られていません。

ブラベック氏はいわゆる『企業ステーツマン』と呼ばれるような人で、政治家のように自分が抱えている問題だけでなく、問題が起こる背景にも関わっていく人です。

例えば、水問題に対する熱心な取り組み。彼はこれを二〇〇八年一月のダボス会議の中心テーマにしたかった。二人で論文も書きました。彼は水問題が他のどんな環境問題よりも急務だと強く信じています。水不足は、短期間であからさまな脅威となりうるからです。

私は彼のコミットメントを重く受け止めています。コーポレート・シチズンシップ（企業の社会的貢献）の一つのかたちだからです。ネスレは多国籍企業がグローバル社会のステークホルダーだということを、身をもって示している。世界の重大問題の解決策を探る義務があると考えているのです。世界政府というものが存在しないからこそ、政府と主要な多国籍企業が連携することが何より重要なのです。

ブラベック氏は、個人そしてネスレの立場から、自分が最も貢献できる分野に力を注いでいます。ですから、水問題へのこだわりは、メディアで言われているように水に関するネスレの既得権益を守るためではなく、自らの業務を通じて迫り来る問題に気づいたからなのです。『グローバルな企業ステーツマン』としての責任感から行動しているのです」

――彼のリーダーシップスタイル、彼の考えるリーダーシップとはどのようなものですか。

「彼には抜本的改革を行う覚悟と実行力があります。ただし常に建設的であること、つまり、今ある強みを捨てるのではなく土台として生かすというのが、基本的な経営哲学だと思います。

それはヨーゼフ・シュンペーターのいう創造的破壊とは違います。シュンペーターは、創造的破壊こそ資本主義の本質だと考えました。そうではなく、『強みを発揮することで変革を加速できないか』ということだと思います。ブラベック氏のリーダーシップスタイルは、明確なビジョン、明確な戦略、明確な実行コンセプトに基づいています。だから信頼が得られ、ゆえに制度的支援を必要としないのです。強い人というイメージを持たれていますが、それは見た目の存在感も関係しているでしょう。

私は、彼が参加する討論グループのリーダーを何度も務めてきました。議長として参加者を観察するのは楽しいものです。ブラベックはいつも人の発言をよく聞いています。集中し、隙がありません。他のメンバーと違って会議中にけっして携帯電話を見たりしません。常に議論に集中しているため、その熱心さに周りが感化されていくのです。

よく話し合うテーマの一つが『グローバル・コーポレート・シチズン』で、我々の見解は基本的に同じです。一つ違うのは、彼がステークホルダーに対する義務よりも長期的な株主価値を優先すべきだと主張している点です。あくまで『長期的な』にこだわっていますが。

私は反対に、企業リーダーは株主のみならず、すべてのステークホルダーのために存在すると考えています。求める利益は短期のものを含め各々異なるでしょうが、全体としては、企業の持続的強化という共通の長期的利益に集約されます。それは株主にとっての利益でもあるのです。ブラベックは、最近ネスレで立ち上げた『共通価値の創造』(CSV：Creating Shared Value)というプログラムによって、企業の役割をより包括的に捉えるようになっています。社員とその家族、取引業者、顧客や消費者はすべて、ネスレが事業活動を展開している地域社会では特に、共通価値の一部を構成しているという考え方です。

我々の違いは、理論上の違いでしかないのかもしれません。出発点は違っても同じ結論に達しています。長期的価値創造です。ブラベックに言わせれば、自社の社会的責任を認識することが長期的利益につながるのであり、単なる広報キャンペーンではないということです。私に言わせれば、企業はステークホルダーに対し、株主に対する義務と同じだけの義務を果たさねばならず、その過程で、後者の利益が守られるということです」

――一般の人が持つブラベック像は、どのように形成されたのだと思いますか。

「印象的な外見はもちろんですが、ネスレでの成功も大きいでしょう。ネスレは非常に成功した企業で、また、水問題のように常に世論を方向づけていると見られています。単に政治的に正しいかどうかではなく、ブラベックが何かを言うときには、心から言っているということが伝わってきます。特定の人や政党を喜ばせようしているのではなく、彼自身の純粋な想いなのです」

――ブラベックが人と違うのはどのようなところでしょうか。

「それは三つのキーワードで表せます。事実ありき、ソリューションありき、見て見ぬ振りをしない、です」

――どのような行動規範に従っているのでしょう。

「忠誠、道徳、誠心。嘘をすぐに見破ります。ごまかそうとしている相手とは徹底して戦う、それが『苦い透明性』です。ルールに従うことより結果を重視する人です」

――彼の最大の魅力は何ですか。

「忠誠心、率直さ、そして私は『苦い透明性』の代わりに、『建設的批判』という表現を使いたいと思います。最も驚嘆するのは彼の経歴の妙です。オーストリアのケルンテン州という山岳地帯、つまり大自然に囲まれた場所に生まれ育ち、国際的なキャリアを積んで経済界の頂点にまで上り詰め、見事にローカルからグローバルへと飛躍したことです。

この時代、『ローカルに根を下し、グローバルになれ』と言われます。それはブラベックという人間と、ネスレという会社の両方が体現している。偶然ではありません。ネスレは常にローカルに根ざし、それを守り育てながらグローバル企業として発展してきました。

ブラベック氏にも共通項がたくさんあります。ケルンテンという原点から出発し、やがて企業人としての役割を超えて、経済政策に限らず社会政策においても世界的に大きな役割を担うようになりました。それが一番よいまとめ方ではないでしょうか」

第2章

トップへの道

グローバル企業の後継者はこうして選ばれた

How does one become the head of Nestlé?

ブラベックが後継者候補に加わった日

一九九〇年代半ば、ヘルムート・マウハーの最大の悩みは後継者探しだった。彼は二〇〇〇年に当時を振り返り、こうコメントしている。「うまくいってよかった。ブラベックも他の経営陣もよくやってくれている。一般に強いリーダーは後継者選びが下手だと言われるものだ。なかでも最悪なのが、役不足の人間に託すこと、誰も見つけないで辞めることだろう。そういう例は無数にある」

一九九九年にはエグゼクティブ・サーチファーム創設者エゴン・ゼンダーとの会話でこう語った。「一緒に働くうえで、相手を思いやるチーム精神は欠かせません。それが励みとなるからです。それでも会社の利益のためになされた決定によって感情的な問題が起きた場合、リーダーは距離を置かなければなりません。誰の人生にもあることですが、私のように同情心の厚い人間には、最も困難な局面の一つです」

一九九四年、ヘルムート・マウハーとピーター・ブラベックの間に、腹を割った話し合いがあった。お互い今でも覚えているという。

ブラベックは振り返る。「その頃は現場にいて仕事が楽しかったので、一九八七年にマウハーに本社へ呼び戻されたとき、特に嬉しいという気持ちはありませんでした。従順な一兵卒としては、これも踏まなければならないステップの一つだと承知しつつ、現場に戻りたいといつも思っていたのです。世界にはまだ大きな市場がいくつかあり、非常に興味をそそられていたからです。それで、ここでの役目は果たしたから、また現場に戻してほしいと自己申告しました。その話の最中に、『望みは何だ』とかなりストレートに聞かれ、私は何も考えずにこう答えたわけです。『ならば答えますが、いつかあなたが座っている椅子に座りたい』と」

マウハーは語る。「そこで私は、『では、あなたを候補に加えよう』と言って面談を終えました」

以降、マウハーとブラベックは内密の話し合いを重ねた。ブラベックはマーケティングとコミュニケーションを統括する戦略事業二部の部長に就任し、マウハーと共に商品戦略やブランディング、コミュニケーション・ポリシーを練り上げ、それらは現在も実施されている。

マウハーは言う。「ブラベックは私の右腕ともいうべき存在でした。彼は精力的に会社に必要な商品を考え、マーケティング戦略を打ち立て、コミュニケーションのあり方を示した」。ブラベックは、マウハーから冗談半分で、ソビエト共産党のイデオロギー指導担当にちなんだ「スースロフ」という肩書きをつけられたことを覚えていた。

ブラベックがヴェヴェーのグループ本社に呼び戻されたとき、三年も経てば主要市場を任されるのだろうと思っていた。しかし予想と異なる道を歩むことになり、しばらく辛抱と自制と義務感を強いられることになった。最終的に彼がマウハーの後を継ぐことが決まると、多くの人が驚いた。米国やドイツといった大きな主要市場ではなく、ベネズエラという小国の市場のトップだったからである。

しかしブラベックは、小国の市場を甘く見てはいけないという。彼は小国で全責任を負っていたが、大きな市場の部門長にはそこまでの責任はないからだ。当時のネスレは地域本社（リージョナル）体制がなく、現地で起こるあらゆる出来事の直接の責任を負うのは、その市場の責任者だった。

一九九五年末、CEOの交代が正式に発表され、新旧CEOは残り一年半をかけてその後の協力体制について話し合い、合意に達した。マウハーが終始周到に引き継ぎにあたったおかげだった。人事や戦略、あらゆる判断にブラベックを関与させた。

「お互いに自制がある程度必要でした」とブラベックはいう。「私を引き入れてくれたのは彼ですから、完全な指揮権の委譲があるまでは彼がボスだと承知していました」

ところが、一九九七年にブラベックがCEOに就任してからも、マウハーは二〇〇〇年まで取締役会長として現役会長の役割を維持し、さまざまな方針の策定に全面的に携わった。

一九九九年にマウハーは述べている。「私にもう相談しなくてもよいことと、まだ相談してほしいことを二人で取り決め、それを社員にも通達した。長い間、全力で会社を経営してきた私のような人間は、そうそう急に、次の人に任せようという気になれないものです。しかし、交代してからは意識して社内で姿を見せないようにしました。ですから社員は、私が経営から身を引いたと感じたのではないでしょうか。最後の数年になってようやく心の準備が整いました。

おかげで、心配していたよりもうまく気持ちの整理がついたと思う。引退は、誰にとっても簡単に片づけられる問題ではない。私は人より長くトップの座にいたけれど、その座を下りてもショックはなく、落ち込まず、受け入れることができました。社内には『マウハーのことだ、いつまでも辞められないだろう』という声もあったので、驚いたでしょうね」

ボスは後継者の育成を心して行わなければならないとマウハーはいう。互いに決めたルールを守り、後継者を潰さないよう注意しなければならない。指名後継者ほど最悪な立場はない、と多くの人が思っている。

ブラベック曰く、「あまり長引かせるのもよくありません。私たちの場合、非公式の期間を除いても四年近くかかりました。私は、株主総会の一年半前に発表するのがベストだと思います」。

それにしても、ネスレのような巨大企業の舵を取るにはどのようなスキルが必要なのだろうか。ブラベックに言わせると、「将来に対する明確なビジョンがない、アイデアを戦略やアクションに落とし込めない、自分の目標や方法を人に説明できない、風格を備えていない、部下の自発的協力を促すことができない、数字が読めない、そして最後に、生産工程を十分に把握していない、そういう人はこの仕事には向いていません」。

ブラベックのキャリアを見れば、彼自身、その基準を満たしていることがわかる。

中南米での一七年間が、その後の礎となった

ブラベックは、中南米で過ごした一七年強が、個人的にも仕事においてもこのうえなく重要だった、この経験なくしてネスレの社長は務まらなかった、と述べている。彼のキャリアの始まりは華々しさとは真逆のものだった。

高校卒業後、ウィーン経済大学で経営学を学んだ。その頃から海外で仕事をしたいと考えていたため、オーストリアの国有企業のように所属政党で人を見るのではなく、能力や実績を重視する企業を見つけようと最初から思っていた。

一九六八年、当時ネスレが所有していたが、まだグループの傘下にはなかった会社、フィンドゥス・ジョパでアイスクリームの営業として働き始めた。毎朝バンに商品を積み、顧客を訪問して回った。その仕事は気に入っていた。ボスは自分自身であり、すべては自分の営業能力にかかっていたからだ。

その後、フィンドゥス・ジョパがユニリーバに売却されると、ブラベックは会社に残るか、ネスレに移籍するかの選択肢を与えられた。そこで後者を選び、チリのアイスクリーム事業部の国内販売マネジャーの仕事を希望した。

そのポジションは、欧州人にとってけっして憧れの仕事でもなければ、安定したキャリアを約束するものでもない。

ヴェヴェーにあるネスレ本社と地球の裏側をつなぐ直接的な手段はほとんどなかった。インターネットやメールどころか、ＦＡＸさえなかった頃だ。レターが届くまで四、五週間かかり、回答が用意されるまでに数カ月かかることもあった。緊急時には、テレックスや電話が最短のコミュニケーション手段だったが、大陸間の会話にはマネージングディレクターの承認が必要だった。一社員にとって、社内だが海外で名を上げることは、実質不可能なことだった。

当時、チリの政情は国際企業の活動を抑制していた。一九六九年、共産党、社会党、そして人道・キリスト教左派・マルクス主義の小政党が人民連合（ＵＰ：Unidad Popular）と呼ばれる政党選挙連合を組んだ。ＵＰは社会主義路線に基づき、産業の国有化と大土地所有者からの土地収用を訴えた。海外企業の先行きが不透明になった。

ＵＰの候補者、サルバドール・アジェンデが大統領に選ばれたその年、ブラベックはチリのアイスクリームセールスマンの仕事に就いた。ブラベックは、当時の状況をこう語る。「アジェンデ率いる連立政権は、三七％の得票率を政策上の共通点のほとんどない七党で分けていた。共通の政治基盤は皆無に等しく、各党ばらばらで、一、二名ずつ閣僚入りした大臣らも好き勝手に動いていた」。ブラベックはアジェンデをよく知っており、直接要請を伝えることもあった。するとアジェンデは、どの閣僚に話すべきかを教えてくれるのだ。

チリは完全な孤立状態に陥り、一年もしないうちに経済が破綻し、市場から商品が消えた。四八時間並んでもガソリンが数リッターしか買えず、スーパーは空っぽ、すべてがバーターで取引された。しょっちゅうストライキが起こり、国が完全に麻痺した。企業が生産を中止して土地を手放せば、すかさず国有化される危険があった。

そのため、経営を持続させることが何より重要だった。生産し続けている限り、国有化されない。それも原材料なしでは不可能だが、原材料は政府がドルで価格設定し、配給していた。しかも原材料によって担当省庁が異なり、異なる政党の管理下にあった。

ブラベックは、各省庁を駆け回って原材料を確保し、ドル資金を調達し、価格の確認に時間の八割以上を費やしていた。当時、チリの組合には力があり、どの会社にも「UPの友」と名乗る団体が組織され、要求が満たされないとすぐにストライキを呼びかけた。

一方、住民の間にはいわゆる自治会があり、旧東ドイツの街区監視者のような役割を担っていた。食べるものがなくなると、彼らが町内の人々に食料を配給した。配給を受けるには登録が必要だが、登録すれば厳しい管理下に置かれた。

ブラベックは、その時代に会社を動かすのは容易ではなかったが面白かったという。当時、ネスレでは従来の事業とアイスクリームや冷凍食品の事業は組織が分かれていた。チリでは、ネスレチリとアイスクリーム会社のセイボリーがそれぞれの事業を担い、ブラベックが当初働いていたのは後者だった。

小さな会社で、本社と工場の区別がなかった。製造、物流、販売、研究がすべて同じ工場で行われており、ブラベックは、全社員と毎日顔を突き合わせて仕事をしていた。営業担当者は工場から直接商品をトラックに運び込む。それを夜中に行うことも多かった。

結構な冒険だったとブラベックは振り返るが、一番よかったのは、新しいことを始められることだった。彼は自分の思い通りに動くことが許され、商品だけでなく、マーケティングや広告、流通においても、さまざまな手段を使って革新や実験を手掛けた。南北四三〇〇キロにおよぶチリの各地（北極からサハラまでと同じ距離だ）を飛び回った。

南米大陸の南端、ティエラ・デル・フエゴ諸島までの陸路を最初に開いたのもブラベックだ。トラックは途中でアルゼンチン領を通らねばならない。道路は舗装されておらず、六日間を要した。トラックに積んだアイスクリームが溶けないよう、ところどころで冷凍庫を充電しなければならなかった。

ブラベックは、自分が担当レベルで仕事し、現場の問題点を正確に把握していることが重要だったという。研究所、製造、販売、マーケティング、広告の責任者が全員、営業と同じ場所で働いていれば、チームワークの大切さがすぐにわかるようになる。机上の空論を振りかざすこともない。アイデアや案件について最初からチームの協力を得て、全員の意見を取り入れたのは得難い経験だったとブラベックはいう。

仕事に対して全員が一致した見方をしていたことが、会社をあれほどまでに成功させたのだ。

成長率は非常に高く、利益率もトップクラスだった。チリでは今なお、セイボリーの市場価値はコカ・コーラよりも高い。ティエラ・デル・フエゴ諸島から北端のアタカマ砂漠まで、セイボリーのアイスクリームが売られていないところはない。チリで最も有名なブランドである。

チリは、一人当たりのアイスクリーム消費量が中南米の中で最も多く、世界でも一〇番目に入っている。チリ人は、平均すると一人当たり年間六リットルのアイスクリームを消費する。価格が世界平均の四分の一だというのも理由の一つだろう。

「チリでアイスクリームの売上がずば抜けていいのは、その頃に、既存の全販売地域の他に、それまで開拓されていなかったエリアも獲得したからです」。学校、プール、キオスクなど、どこにでも冷凍庫を設置した。

「昔の欧州のようなアイスクリーム文化を作ったのです。他社はスーパーでの売上だけでしたが、うちはどこでも買えるようにした」。もしそうしなかったら、確実に「市場で優位に立てなかったでしょう。人がアイスクリームを買いに出かけるのはせいぜい二〇〇メートルです。その行動に合ったかたちでなければならない。我々は、サンティアゴからバルパライソの海岸を経由してティエラ・デル・フエゴまで、チリ全土を攻めました」。

ネスレの理念「いつでも、どこでも、どんな形でも」はこの頃に生まれた。今も即席麺やマギーブイヨンが同じ理念の下、世界中で販売されている。「ブルキナファソでもシエラレオネでもネスレ製品が買える。今思えば、欧州でも時代の先を行っていたと思います」。やりたいことが自由にできた。セイボリーで発売したある商品に「ククリナ・アイスクリーム」という名前をつけたときのことだ。

『ククリナ』を宣伝するために、商品名と同じ『ククリナ』という二時間のテレビ番組を作り、一八週間放送した。チリ各地のミュージシャンが競い、視聴者の投票によってチリ代表が決まる、いわば『ユーロビジョン・ソング・コンテスト』の南米版みたいなものです。この番組に、その年のマーケティング予算をすべて注ぎ込みました。今同じことをしようとしたら何と言われるのか……。当時は革新的なマーケティングでしたが、欧州では難しいでしょうね」

自由な試みができた半面、リスクもしっかり背負う。それがエキサイティングだったという。今でも一九七五年の番組「ククリナ」の一部をユーチューブで見ることができる。

ブラベックは、チリの業界団体でも、マーケティング協会や広告協会の会長を務めるなど積極的に活動した。アジェンデ政権時代（一九七〇―一九七三）が転覆すると、アウグスト・ピノチェト政権時代に入った。一九七五年、ブラベックはヴェヴェーのネスレ本社に異動したが、三カ月後にまた戻ってきた。マーケティングディレクターのポストが空いていたが、誰もピノチェト政権下のチリに行きたがらなかった。それはブラベックにとって、アイスクリームの営業からネスレ・チリのマーケティングディレクターへ大きく飛躍するチャンスだった。

輸出品メーカーを消費材メーカーに変える荒業

ブラベックは、一九八一年から一九八三年まで、ネスレエクアドルのCEOを務めた。そこでは二つの課題があった。当時、ネスレエクアドルは地元グループとの合弁であり、そのグループが資本の四九%を保有していた。ネスレの保有率も四九%であり、残りの二%を投資家が持っていた。取締役会長を務めていたのは地元パートナーの代表者だった。

ブラベックはまず、自分がCEOとしてネスレの利益を守るだけでなく、地元パートナーの利益を認め、コンセンサスを得なければならないことを学んだ。そのようなホスト国でのビジネスは、自社側の株主だけでなく、地元側の株主への価値創造も実現しなければ成功しない。これは言うほど簡単ではないとブラベックはいう。

一例を挙げると、外国からの赴任者が「一時帰国して家族と休暇を過ごすため、給与の一部を安定通貨で受け取りたい」と要求してきたときのコストがある。インフレ率六〇%の国では、それは取締役会議での長時間の審議を意味する。大勢いる工場労働者よりも、数人しかいない赴任者にお金がかかることを地元の株主に納得させるのは容易ではない。「とにかく考え方の違う人々とうまく付き合い、調整できるようになるしかない」。このことは、地元勢力と親会社である多国籍企業の利益を両立させる重要な実地訓練となった。
マーケティングのみならず、現地社会のニーズに対する地域配慮の原則は、その後の「共通価値の創造」(CSV)に謳われている。「こうした経験は身に染みつくもの」だとブラベックはいう。「結局、地域社会のために価値を創造する努力をし続けなければ、株主を満足させることはできません」

ブラベックがエクアドルで直面した第二の課題は、輸出志向の会社を国内志向に転換することだった。当初、ネスレエクアドルの製品の八割以上が輸出用だった。工場の主製品はカカオを原料とするチョコレート(最終製品ではなく半製品=ココアパウダー)で、海外で販売されていた。そのため、現地のカカオ豆の価格とココアの国際相場の影響をもろに受ける。そこで将来の価格変動に対するリスクヘッジが非常に重要になる。ブラベックがこの会社のCEOを任されたのは莫大なヘッジロスを経験した直後であり、会社は実質的に破綻していた。

彼はまず、国際原料市場がどのように機能しているのかを学ぶ必要があった。その次に、輸出ビジネスを諦め、エクアドル国内向け消費材の販売に集中すべきだと株主を説得した。「当時の我々にとって、重大な戦略的決断でした」

その後、地元パートナーが海外事業を引き継ぎ、原料を加工した半製品の製造に専念し、一方、ブラベックは半製品から国内消費向けの最終製品へと徐々に生産をシフトしていった。この変革を成し遂げたことがエクアドルでの最も重要な経験だったかもしれないと彼はいう。また、原料や原料市場について勉強したことが、後にヴェヴェー本社のCEOになってから役立ったという。上級管理職にとって、けっして欠かすことのできない知識だからだ。「現地で長年の経験を積んでいることも、他社より原料市場をよく理解している理由の一つでしょう」

ネスレエクアドルはこうして輸出の負担を減らし、海外ビジネス全体を地元パートナーに引き継ぐことができた。このパートナーは現在もネスレのサプライヤーである。

エクアドルは地理的に大きく異なる二つの地域から成る。伝統的に貿易が盛んで産業が確立された海岸部と、先住民が暮らす高地部だ。熱帯気候の海岸部の主要製品はショ糖とラム酒であり、少し高度が上がるとコーヒー豆とカカオ豆が採れる。「アリーバ」は世界屈指のカカオ豆だ。高原ではトウモロコシや小麦、頂上付近ではジャガイモが栽培されている。

ネスレは、海岸部にカカオ工場、高地に牛乳工場を持ち、牛乳工場では主に生乳とチーズを製造し、のちに粉ミルクも手掛けるようになった。原材料の供給を確保するため、ネスレは生産者を支援する「ミルク生産地区」を築いた。国内最遠隔地の農家に安定収入をもたらすこの先駆的なプロジェクトは、政府からも支持を得ている。

当時は先住民グループとの交渉が最大の課題だった。インカ文明によって征服されなかった唯一の高地先住民オタバロ族は、今でも無敵である印として長髪の伝統を守っている。インカ文明は征服した部族にかなりの自由を与えたものの、忠誠の証として髪を切り落としていた。

ブラベックはオタバロ族と交渉しなければならなかった。「彼らには彼らの交渉術がある。一日中テーブルに座ったまま、ひたすら下を向いているのです。けっして目を合わせないので、何を考えているのかまったくわからない」。彼らの信頼を得て、説得し、正しい方向に導くのは容易ではなかった。「とことん辛抱強さを身につけました」

この辛抱強さと地道な努力によってミルク生産地区が生まれた。現在およそ二五〇〇戸の農家が生計を立てている。技術的な支援やアドバイスを受け、今や農家一戸あたり一日二六五キロの牛乳を生産している。一五年前の日産量はたった六一キロだった。

国有企業からどうやって新会社は生まれたか

一九八三年から一九八七年まで、ブラベックはネスレベネズエラの前身、エスパルサの会長兼CEOを務めた。一九八三年にそのポストを引き継いだとき、ネスレはまだ一九七〇年代半ばに国有化された子会社インドゥラクの件でベネズエラ政府と交渉中だった。国有化によってネスレのベネズエラ拠点はエスパルサに縮小され、その補償がまだ支払われていなかった。インドゥラクはベネズエラの牛乳事業最大手であり、一九四四年からミルク生産地区の構築を先駆けて行っていた。一方のエスパルサは、シリアル、「マギー」、「ネスカフェ」の製造販売会社だった。ネスレの事業活動と事業領域を広げるために、国有化の交渉を前向きで建設的な成果につなげる

——それが彼の使命だった。

ブラベックは南米での仕事を通じて、政府と密接な関係を保つことの重要性を学んだ。南米諸国では、企業の存続と成功は政府の判断に大きく左右される。原材料の供給、価格設定、そしてマーケティングでさえも国のコントロール下にあった。

ベネズエラでもブラベックは、ベネズエラ商工会議所の顧問委員や、中南米商工会議所の副会頭などを務めた。また、北米・南米を合わせた商工会議所であった米州貿易協会（Inter-American Trade Association）の会員、役員、副会長も務めた。

数々の重要な委員会でベネスエラを代表したこともあり、政府と近い立場にあった。民間企業を代表することも多く、その際にも政府と密接な連携を維持した。「例えば、価格を決める大臣と個人的に話ができれば非常に有益です」。そして外交スキルも磨かれる。こうしたことも、民間企業の社会的役割に対する彼の考え方につながっている。

ブラベックは、中南米で組合と政治家の両方との付き合い方を学んだという。チリでは政治的に困難な時期に事業を立ち上げるという難題を与えられ、その後、エクアドルでは輸出品のみを製造していた会社を国内向け消費材メーカーに転換させなければならなかった。ベネズエラでは、ネスレの牛乳事業が国有化された。ブラベックは、その交渉の結着を見届け、新たなネスレベネズエラを立ち上げねばならなかった。こうした経験を通じて自分の世界観やリーダーシップ能力が培われたのだと彼は考えている。

一九八七年、ブラベックはネスレのヴェヴェー本社に戻り、カリナリー（調理用）食品事業部の責任者を任された。一九九二年には、食品（カリナリー食品）、チョコレート、菓子、アイスクリーム、ペットフード、「ブイトーニ」ブランドを含む新設の戦略ビジネス部門のゼネラルマネジャーに就任した。

CEOと会長、兼任を巡るバッシング

一九九八年、ネスレの取締役を一九八一年から務めていた銀行出身のライナー・E・グートが、二〇〇〇年に非執行取締役会長に就任し、二〇〇五年まで在任することが決定された。ブラベックは、この決定におけるキーパーソンだった。マウハーは一九九九年にエゴン・ゼンダーにこう述べている。「もしブラベックがグートを最適任者だと認めなければ、グートを任命しなかったし、グートも受けていなかっただろう」

そのときブラベックは、四つのポイントからその判断に至ったと話したという。第一に、ネスレのような会社の会長は、会社のことを熟知している必要があること。第二に、一定期間在任できること。会長が二年ごとに交代したらCEOが苦労する。第三に、会社に新たな強みや経験をもたらす人が取締役会を率いるべきであること。グートは、世才《せさい》に長《た》け、困難な状況を数々乗り

越え、スイスに多大な貢献をしてきた。指揮権を得ればネスレの申し分ない代表者になることは間違いない。そして最後に第四として、自分にとって最も重要な点は人と人との間の化学反応であり、この点で特に彼は理想的な候補である。

そしてマウハーはこう続けている。

「グートが引退するとき、ピーターは六〇歳になる。その時点で会長になりたいかどうか決めればいい。だから我々は、会長とCEOを一人が兼務するのか、別の人が務めるのかをわざと決めなかった。状況によって判断すればよい、と。私はどれも経験しました。最初はCEO、次に両方、そして今は会長のみです。

二つの役職を兼務することが、あたかも無限の権限を持つかのように考えるのはナンセンスだ。好むと好まざるとにかかわらず、トップの人間は、社員や他の役員のコントロールを受ける。誰もチームの総力には抗えない。何らかの方法でコンセンサスを得る必要があるのです。

しかも、独立したメンバーによって構成された会長諮問委員会があり、絶対権力に制限を設け対策を取る権限を与えられている。もし私が暴走すれば、委員会が私を制して正しいことをするはずです。こうしたコントロールが何らかのかたちで働くようになっている」

二〇〇五年にグートが予定通り会長を退任すると、取締役会は、その時すでにCEOだけでなく取締役副会長も兼任していたブラベックを後任として認め、株主総会の承認を得た。

マウハーも一九九〇年から一九九七年まで二つのポストを兼任していた。だが、今回は突如として世間の猛烈な批判を呼んだ。抗議運動の代表者は、スイスの複数の年金基金の投資機関でおよそ八億七五〇〇万スイスフラン（約七八〇億円）に相当する株式を保有するエトスを率いる、ドミニク・ビーダーマンだ。彼は一人の人間に権力が集中することに反対し、CEOは取締役会だけでなく、会長に対しても報告義務を持つべきだと主張した。

兼任に対する抗議が高まり、株主総会で否決されればブラベックはCEOを辞職しなければならなくなる。そうなればネスレの取締役会も総辞職する。結局、出席した株主のほぼ五〇％が兼任を認め、一四％が棄権、三六％が反対票を投じた。

ブラベックは、自分のこれまでの全キャリアの中で、マスコミに書かれた内容がまったく筋違いだったことが一度だけあったという。それがこの兼任抗議活動の最中のことだった。故意に事実を捻じ曲げているとしか思えなかった。見出しにはこうあった。「三〇〇〇万フラン欲しさに兼任するブラベック」。世間の見る目が一変し、路上で唾を吐かれたり、脅迫状が届いたりした。

当時、彼の知らないところで、株主の間に政治的陰謀が企てられていた。スイスのコーポレートガバナンス制度を改革し、取締役会の権限を弱め、株主の権限を強めようとしていた政党グループがあった。ブラベックは、顔ぶれが変わっただけで、このキャンペーンは今も続いていると考えている。しかし結果的には、兼任者率いるネスレの成功がそのときの選択の正しさを証明している。

「ネスレの取締役会は手強いですよ。一四人のメンバーはいずれも財界や社会で指導的立場にあり、さまざまな分野に精通しています。彼らが役に立っていないなどという意見は完全に的外れです」

ともあれ、ブラベック自身は、会長とＣＥＯのポストを分けることは基本的によいことだと考えている。ただし、それには四つの条件がある。

第一に、会長がその業種をよく理解していること。英国人のように、会長は会社が行っているビジネスについて知らなくてもよいと考えるのは大間違いだ。消費材業界にいた人が自動車会社、自動車業界にいた人が医薬品会社を率いるのは非生産的である。

第二に、会長はその職を一定期間以上務めなければならない。毎年新しい会長を迎えることには真っ向から反対である。それでは会社の長期的戦略を導くという取締役の一番の責任を果たせないからだ。取締役が何かを成し遂げるには、少なくとも四、五年は続ける必要がある。

第三に、会長は外の世界に対して会社を代表する人物でなければならない。その重要性は増す一方だ。株主の利益を守るという会長の使命を果たすには、主要な株主だけでなく中央省庁との関係維持も必要になる。

第四に、最も重要な点かもしれないとして、ＣＥＯと会長との間の化学反応を挙げている。それがよくなければ、摩擦によって大きな損失が生じるという。

これら四つの要件が満たされれば、会長とＣＥＯの役職を分けてもよいが、そうでなければ分けるべきではないというのがブラベックの考えだ。

当時はさまざまな状況が重なっていたため、兼任は正しい選択だったと彼はいう。二〇〇五年、ネスレは大きな戦略的方向転換の途中段階にあった。つまり、食品飲料メーカーから栄養・健康・ウエルネス企業への転身だ。彼はＣＥＯとしてこれを提案し、取締役会からその遂行を期待されていた。

もしこのとき新ＣＥＯが任命されていたら自由に動けなかっただろう、とブラベックは断言する。そしてコーポレートガバナンスのためだけに新会長を迎えていたら、新会長はその戦略の遂行において実質的に何の影響力も行使できなかっただろう。三、四年間の暫定策として兼任が決まったのには、こうした理由があった。

何事も運任せにしない――計画的な後継者選び

ブラベックの次のＣＥＯを選ぶ局面を迎え、マウハーとブラベックのリーダーシップスタイルの違いが浮き彫りになった。マウハーは、自分の後を継ぐＣＥＯ選びのカギとなる条件を四年前にすでに決めており、そのうえで経営上の決定権を八割だけ委譲しながらシームレスに引き継ぎを進めた。自分もまだ現役会長として留任することを決めていたからだ。

ブラベックのやり方はまったく違った。二〇〇九年に発行されたクレディ・スイスの『ＣＳブレティン』のインタビューで、ネスレが後継者選びの行程を非常に重視していること、そして後継者選びには二種類あると語った。

緊急に交代しなければならない場合には、少なくとも短期的に同等の仕事ができる代理役が、二四時間以内にその職を引き継ぐ。この手続きは主に病気の場合を意図したものだが、財務担当役員のマリオ・コルティが翌日スイスエアーのCEOに就任するために辞任したときや、ポール・ポールマンがユニリーバのCEOになったときにも適用された。

ネスレでは、後継者育成計画は最も重要な戦略的タスクの一つに位置づけられている。二四〇〇〇人の社員の業績などを追跡するシステムも開発された。執行役員会は年間の会議のうち二回を、取締役会は一回を後継者に関する案件のみに充てている。ネスレの管理職は全員、自分の後継者の指名に関わる権利と責任がある。何事も成り行きに任せないのだ。

ブラベックの次のCEOを決める手続きには、およそ一年半が費やされた。最初に社内外の候補者リストが作成された。初期精査の結果、社外から一名、社内から五名の候補者が残った。二〇〇七年夏、ピーター・ベクリ取締役を議長とする指名委員会は、ポール・ブルケとポール・ポールマンの二名に絞り込み、九月にポール・ブルケに決定した。

ブラベックは指名委員会に加わっていないが、当然、候補者全員をよく知っていた。ブルケとは二五年前に中南米で出会っている。ポールマンとは、ローザンヌの「グループ・ドゥシー」で出会っている。グループ・ドゥシーは、一九七二年から世界中の有力企業のトップ経営層が年三回集まり意見交換を行う場で、ポールマンの戦略的で革新的な考え方が印象に残っていた。共通の趣味もある。例えば、ポールマンは、視覚障害や他の障害を持つ登山家とキリマンジャロに登った後、東アフリカの目の不自由な子どもたちを支援する基金、キリマンジャロ・ブラインド・トラストを創設している。

ブラベックは、最終決定まで自分個人の考えは口に出さないことに決めていたが、周囲には察しがついていた。

二人の最終候補者は資質も経歴もまったく違っていた。ベルギー出身のブルケは、一九七九年にマーケティング見習いとして入社し、一九八〇年から一六年間、チリ、エクアドル、ペルーの販売とマーケティングの責任者として南米に駐在した。言うまでもなくブラベックと似ている。その後、ポルトガル、チェコ共和国、スロバキア、ドイツでマーケット責任者を務め、二〇〇四年に執行役副社長としてヴェヴェー本社に異動、北米と南米を担当するなど、ネスレの出世階段を着々と上っていた。ブラベック同様、ブルケも会社とのつながりを強く感じており、会社と自分を重ね合わせている。

ブルケよりも二歳若いポールマンは、一九八六年から二〇〇六年まで米消費材メーカー、プロクター・アンド・ギャンブル（P&G）に勤め、最後は欧州グループ社長を務めた。ブラベックは、P&Gを辞めたポールマンをネスレに誘い、会社のあらゆる側面を短期間で知ってもらう意図でCFOのポストをオファーした。ポールマンは、いずれCEOになれることを期待してオファーを受けた。

ただ、この期待は満たされなかった。ポールマンはブルケのCEO就任に伴い、それまでの北米と南米大陸ゾーンのトップというブルケのポストを引き継いだ。だが、二〇〇八年にユニリーバのCEOとして迎えられた。ポールマンは当然ネスレのCEOになりたかったはずだとブラベックはいう。しかし、重要なのはどちらがより優れた候補者かではなく、そのときに会社がどちらを求めているかだ。「ネスレにとってはブルケ、そしてユニリーバにとってはポールマンだったのです」

ポールマンの強みは危機管理能力と刷新力だ。彼には、それまでのやり方を変えられるような環境が必要だったとブラベックは続ける。一方、ブルケは継続を旨とする経営者だ。もしネスレが大幅な経費削減や大改革が必要な危機的状況にあったとしたら、ポールマンが適任だっただろう。しかし、ネスレは危機的状況どころか業績が拡大していたため、ブルケが選ばれた。

ブラベックは、マウハーとは真逆のスタイルを慎重に選び、後継者探しを行ったが、引き継ぎ自体にも同様に重きを置いていた。「私の後継者が少なくとも私と同じかそれ以上に成功しなければ、私は何も成し得ていないことになる。自分が舵取りをしている間しか会社がうまくいかないとしたら、優れたリーダーとはいえない」

後継者に自分と同じやり方を期待してはいけない、とブラベックはいう。後継者は、会社を将来的に発展させなければならず、自分の成功はすでに過去のものだ。そこに違いがある。新たな課題には新たなリーダーシップが必要だ。だからこそ後継者選びは、ネスレのように常に会社の将来像を明確にするところから始めるべきなのだ。

指名委員会は、ポールマンよりブルケのほうがネスレの将来像によりふさわしいと考え、ブラベックもこの判断を全面的に支持した。権限を譲ることは難しくなかったという。彼は取締役会長ではあるが、執行役会長ではない。「日々の経営からは完全に手を引いた」。その代わりに取締役会とブラベックは、やりがいのある新たな仕事を会長職の任務に加えたのだ。

「ネスレ　マネジメント及びリーダーシップの基本原則」

一九九七年六月、「ネスレ　マネジメント及びリーダーシップの基本原則」が発行された。マウハーとブラベックの両者が作成し、署名した。発行がブラベックのCEO就任と重なったのは偶然ではない。経営者が交代しても企業理念は基本的に受け継がれるという継続性を示す狙いがあった。本文書の中で、ネスレの管理職に求められる資質として、次のものが挙げられている。

- 勇気、度胸、プレッシャーの中でも平常心を保てる能力
- 学習能力、新しいアイデアに対するセンス、共感能力

・コミュニケーション能力、社員をやる気にさせ後押しする能力
・革新的な社風を創りだす能力
・水平思考（論理的・分析的な垂直思考に対し、視点を広げて考える）能力
・信用できること、言行が一致していること
・変化を受け入れ、方向転換ができる柔軟性
・国際経験と異文化を理解する能力
・幅広い物事に興味があること
・一般教養があること
・責任ある行動を取り、身なりがきちんとしていること、健康であること

まとめとなる最終章には、ネスレの企業文化について書かれている。その始まりは、創業者のアンリ・ネスレに遡る。彼は、仕事で海外を飛び回るうちに、各国の食習慣への強い興味が沸き、外国の伝統を尊重する姿勢を持つようになった。創業当初から、後の「共通価値の創造」（ＣＳＶ）を示唆する考え方があったというわけだ。つまり、グローバル思考、グローバル戦略を取りながら、何よりもローカルビジネス、ローカルとの関わりを優先する姿勢である。

スイス由来の企業文化は、ネスレの企業リーダーシップを特徴づける以下の点に現れている。

ネスレ マネジメント及びリーダーシップの基本原則

Nestlé Basic Management and Leadership Principles

（1997年、抜粋）

一般原則

「ネスレは個性のない消費者に商品を売る個性のない企業ではありません。世界中の一人ひとりのニーズに応える人間中心の会社です」

「ネスレはシステムよりも、人と製品を大切にします。システムは必要で有益ですが、それ自体を目的にはしません」

株主価値

「ネスレは株主価値を創造する責務がありますが、事業の長期的発展を犠牲にしてまで短期的な利益や株主価値の最大化を優先しません。ただし、毎年一定の利益を生み出す必要があることは認識しています」

再編

「ネスレは事業活動の継続的改善に努力し、可能な限り緊急の措置や急激な変更を回避します」

リーダーシップ

「組織のそれぞれの階層で、リーダーのみならず、リーダーのいるチーム（責任あるリーダーシップの下でのチームワーク）が必要です」

権限委譲

「ネスレの経営チームのメンバーは、権威を振りかざすことよりも、会社に付加価値をもたらし続けることを目指します。自らの責任を放棄しない範囲で可能な限り権限を委譲します」

情報

「ネスレの全社レベルの社員参加は、企業活動全般とその中で自らの仕事が果たす役割について適切な情報を開示し、コミュニケーションを取ることによって始まります。変更や改善すべきことは必ず話し合い、説明を行います。その過程に社員が参加し、自分の考えを反映できるようにします」

昇進基準

「昇進の判定基準は、職務に必要な専門能力や経験の他に、これらの基本原則に従う能力と意志であり、個人の国籍、人種、出身地とは無関係です」

・理論より実践
・夢や幻想ではなく、事実に基づく現実的な取り組みや判断
・信頼と率直さに基づく裏表のない人間関係
・個人対個人の直接的なコミュニケーション
・謙遜、スタイル、質へのこだわり
・トレンドの変化に対する柔軟性と同時に、人間の基本的価値の尊重
・短期トレンドや自称「権威」に惑わされない

これらの理念は現在も生きているとブラベックはいう。二〇〇二年には、既存の労働規範や企業文化を大幅に変えずに今後の課題に対応するため、一部見直しを決めた。改訂版は二〇〇三年に発行され、「The Nestlé Management and Leadership Principles」と名づけられた。オリジナルのおよそ三分の二の文章が残されたが、目立った変更もある。例えば、「アカウンタビリティ」「ネットワーキング」「スピード経営」「成果主義」など、昨今の経営用語が新たに使われている。さらに、社員に期待されることも改訂されている。重要な項目をいくつか挙げてみよう。

・消費者及び社員のウエルビーイング（よき生）に対する責任
・すべての国、すべての人々の生活水準と生活の質を高める

・相互尊重と寛容
・会社に対する誇り
・ネスレへの忠誠と一体感
・縦割りの壁を越えた積極的連携
・冒険を楽しむ
・知識やアイデアの共有
・一人で考えない、問題やアイデアを抱え込まない
・失敗をする権利とそれを修正し、そこから学ぶ意志を伴う自発性

株主価値の重視は、オリジナル版よりもさりげなく書かれている。「ネスレは、ビジネスの長期の成功と成長を追求し、多くの株主から長期にわたって投資価値を期待される企業となるよう努力します。その一方で、短期的な業績向上の必要を見失わず、毎年好利益を出し続けなければならないことを認識しています」

ネスレは消費者トレンドに従うが、予測する努力もする、というのも新しく加わった項目だ。また、法的枠組みの範囲内での自由競争と「社会的責任」を約束しており、これらの概念もオリジナル版には含まれていなかった。

ブラベックは、オリジナル版の分権化推進を残し、効率的な事業運営、柔軟性、全社的連携の

必要を制約として掲げた。

「ネスレ マネジメント及びリーダーシップの基本原則」は、時とともに「コーポレートガバナンス規約」のような意味を持つようになった。一九九七年のオリジナル版にブラベックはこのように書いている。「これらの基本原則は、私たちが地域の状況に適応しなければならないと同時に、普遍的に尊重すべきネスレ共通の原則もあるという信念の表明なのです」

社外から管理職を迎える際にも、こうした原則への同意が採用の前提条件になっている。一九九八年以降は、管理職の人事評価にもその原則の順守レベルが反映されるようになった。「これらの原則に従う意志のない者には、社員の資格がない」と二〇〇二年の「ネスレＨＲポリシー（Nestlé Human Resources Policy）」に書かれている。したがって、人事採用においても職務上の資格の他に、ネスレの企業文化になじむかどうかが吟味されることになっている。

企業のリーダーと、登山のリーダーの共通項

ブラベックは、ネスレの社内だけでなく、公の場でもリーダーシップについて話をする機会が多い。二〇〇四年二月一八日にジュネーブで「ビジネスリーダーとパーソナルリーダー」というタイトルで講演を行い、大企業を率いることを登山になぞらえた。その主旨は次の通りである。

世の中には二種類の登山家がいる。一人で登山をする単独行者と、登山隊の全メンバーを山頂まで率いることのできる登山家だ。そうしたチームプレイヤーの鑑とも呼べるのが、クリスチャン・ジョン・ストーリー・ボニントン卿（クリス・ボニントン卿）である。彼は一九八五年、ノルウェーのエベレスト登山隊のメンバーとして、一八人の登山者をエベレスト登頂に導いた。その後に挑戦した登山隊は登頂に失敗し、一二人のメンバーを失った。

登山を成功させるには、的確な人選を行い、目標とその達成方法を明確に設定しなければならない。何を目標とし何をすべきかがはっきりして初めて、どのようなスキルを持ったメンバーがチームに必要かが判断できる。

適材適所が重要である。適所に配置されなければ、有能な社員も不満を抱き、全力を傾けてはくれない。

どのチームのどのメンバーも他のメンバーとの絆や結束を感じることが必要だが、メンバー間には健全な競争も必要だ。いつも同じ考えや提案をするメンバーが二人いるのは無意味であり、どちらかは不要だ。会社の上層部においてさえ、一定の緊張関係や競争を作ることは効果的である。競争がない場合は、それを作り出すか、チーム構成を変える必要がある。

もちろん最も重要なのは、共通のゴールに向かって力を合わせられるかどうかだが、競争を通じて、最良のソリューションを見つけることも必要だ。そのバランスの取り方が極めて難しい。

登山の歴史では、何が何でも登頂したいがために、途中でパートナーを見捨てて死に至らしめる登山家が常にいる。エベレストに登る人は誰しも、帰還できずに亡くなった登山者を目にする。誰も彼らを埋葬したり、下山させたりすることができないからだ。

強者の単独行者は大きな成功を収める場合もあるが、多大な害を及ぼすこともある。企業においても同じことがいえる。

現在、ネスレの上層部にはどのような人物が求められているのだろうか。ますます複雑化する市場をはじめ、多様な問題に対処できなければならない。社内の変化を受け止めるだけでなく、変革を推進する能力が求められる。社員はますます強まる他社との競争のプレッシャーに晒される。それゆえ、ネスレにはバランスの取れた人材が必要だ。過去を振り返り、過去を未来に投影してばかりいるのではなく、変化の必要性と変化がもたらすチャンスを理解している一方で、夢の世界に溺れずにやるべきこともきちんとやれる人だ。

食品のほとんどは消費者の感情や文化的な価値観と深く結びついており、ネスレのマネジャーはそれを理解し、尊重する必要がある。ネスレの使命は、文化的な価値観やイメージを外国に輸出することではなく、各市場にその文化に合った製品を提供することだ。

ネスレの上層部は全員、母国以外の国と文化の中で数年間生活した経験がある。食品ビジネスは非常にローカルな性質を持っているため、現地の状況に適したものであることが重要だ。

山にあっても企業にあっても、すべてはメンバー間の能力、競争、連携のバランスにかかっている。互いの面倒を見ることが大事で、そうして初めて集団として生き残ることができる。

今日のチームでは、社員個人がその仕事に期待していることを考慮したり、膨大化する情報量に対処したりすることも必要だ。いらないデータがとめどなく増え続け、情報量が多いからといって知識の量が増えるわけではない。チームが的確な判断をするためには、データを知識に変換しなければならない。

山登りでもそうだが、あるところまでいけば、状況に応じてチーム内でリーダーを入れ替えることもできる。ここで最も重要なのが信頼だ。ネスレの社員は、共通の価値観と信念を持つことで感じられる社会的絆によって結びついている。ただし、そうした価値観や信念は、そうした根底にある原則を見失わずに、状況の変化に応じて実行に移すことが必要だ。

こうした価値観は、「ネスレ　マネジメント及びリーダーシップの基本原則」と「ネスレの経営に関する諸原則（Corporate Business Principles）」に記されている。ネスレで働く人はこれらの価値観を共有しなければならない。組織にとって最も不幸なのは、社員が仕事と私生活に別々の価値体系を当てはめているときだ。

価値観や信念の異なる人がいてもかまわない。ネスレでは働けないだけだ。基本的な価値観があって初めて信頼関係が生まれる。それは社内に限らず、取引先や一般の人々との関係についてもいえる。

ブラベック自身が実践していることも、信頼関係の一つのかたちだ。彼は、会社と雇用契約書を交わしていないが、毎年ポストは確保されている。自分が口約束を守っている限り、会社も守ってくれるだろうと信じている。

例えば、米国のネスレでは法務部門がさまざまな契約書を用意し、規則や合意内容を文書化しても社員がそれを順守しなければ意味がない。健全な組織に必要なのは、即座に無視されるような規則や規制ではなく、社会的責任だ。

信頼の濫用や疑心暗鬼は高くつく。米国の弁護士の数はこの三〇年間で倍に増え、現在（注：本書執筆時）七五万人を数える。これは欧州の倍であり、医師の数に匹敵する。米国では一日当たり八万二〇〇〇件の訴訟が起こされ、ペースメーカーの価格には法的費用を見込んだ三〇〇〇ドルが必ず含まれている。

企業は、ＣＥＯの個人賠償責任保険に年間何十億ドルもの大金を払っている。こうした費用はどれも不信感から生じており、ほとんど知られていない。

リーダーは、信頼関係を築くだけでなく、チームメンバーの意見に耳を傾け、彼らをプランニングに効果的に参加させる必要がある。ネスレでは、「チームはリーダーの機能を果たすことができない。チームにはその責任を負うリーダーが必要である」と考えられている。

リーダーの責任とは何か。適切な人材を集めてチームを構成し、ビジョンを示し、チームを成長させ、チーム内のバランスを取る。同じ社内でもうまくいっているところといっていないところがある。その理由は主にタイミングだ。

ブラベックが働きはじめたばかりの頃のことだ。ある日、自分が働いていた会社が突然ライバル会社と合併した。今朝まで競争相手だったアイスクリーム販売会社が夕方にはパートナーになっていた。どちらも売っている商品は同じだったが、売りの立て方は違っていた。それは、手段や戦略によってうまくいくタイミングがまちまちだからだ。

山登りにも同じことがいえる。山登りには待つべき瞬間というのがある。これを見誤ると、一時間後に大惨事が待ち受けていることもある。ビジネスにおいてもタイミングを見極めることは特に重要だ。

ネスレには、「CEOが会社のために働き、会社がCEOのために働くのではない」という信条がある。これは、価値主導のリーダーシップの原則と呼ばれている。権限は、権威をふりかざすためではなく、よりよい判断につながる場合に行使するためにある、という考えによる。

価値主導のリーダーシップと階層型リーダーシップとの違いはそこにある。二〇二五年度にどうなるかを仮定して、あれこれ悩んだり推測したりしてもしかたない。今日の強みを知り、それをどう明日につなげていくかを考えることのほうが重要だ。現時点では解決策のない問題を分析し続けたり、失敗を恐れたりすることも無意味だ。転ぶのを恐れていてはスキーは滑れないし、衝突事故を恐れていてはレーサーになれない。失敗が怖いなら、最初からその仕事を選ばないほうがよい。

昇進面接で最初にする質問は決まっている。「あなたがこれまでで犯した最大の失敗は何ですか」。失敗したことがないと答えた社員は昇進できない。なぜなら、失敗をしたことのない人は、会社に利益をもたらす可能性のある大きな決断もしたことがないからだ。

組織には動的なバランスが必要だ。つまり、成長と利益を両立させ、基幹事業の維持とイノベーション、全社的な効率と市場固有の機会、チームワークと個別性、継続と変革を追求する。

しかしそれも、これが正しいという自分の勘を失わないで初めてできることだ。感覚や個人の価値観や野望が、理性的に考えたことに勝ることはよくある。自分の勘を信用する人は、結果的に正しいことができるだろう。ただし、どんなことにも多少の運というものがあり、もしかしたらそれが一番重要かもしれない。

マネジャーとリーダーの最大の違い

ブラベックは、二〇〇九年二月、米ダートマス大学タック・スクール・オブ・ビジネスで「今日のグローバル経済において社員を鼓舞するリーダーとは」と題するまたも画期的な講演を行った。このタイトルには、二つのキーワードが組み合わされている。普遍的な概念「社員を鼓舞するリーダー」と、現状の課題に特化した「グローバル経済」だ。

ブラベックは、自分自身のキャリアを振り返りこう語った。「私は、人を管理することと、指導することを学ぶ必要がありました。マネジメントとリーダーシップは別物ですが、どちらも大事です。マネジャーは業務遂行に責任を持ち、やるべきことがきちんとなされているようにするのが仕事。リーダーは影響力を行使し、方向性を定め、その後の舵取りの両方をする。そこには根本的な違いがあります。マネジャーは物事を的確に行う（do things right）人、リーダーはマネジャーに正しいことを行う（do the right things）方法を示す人です」

リーダーシップはどのようなときに必要か。答えは簡単だ。一人ではできない大きな仕事をするとき、自分の目的を達成するために人に頼るときだ。リーダーシップのスタイルは、仕事の大きさに直《じか》に関係する。小さいタスクの場合は、チームを作るだけで事足りる可能性があるが、二八万五〇〇〇人の社員、あるいは米大統領のように三億人を率いる必要があるとき、リーダーに対する要求は大きく複雑になる。だが基本は同じだ。

優れたリーダーは、部下の志を評価することによって常に部下のやる気を鼓舞する。リーダーシップとは、人間の最も基本的な欲求、つまり重要な存在だと認められたい、人と違うことを証明したい、必要とされたい、人の役に立ち、やりがいのある仕事を達成する一助になりたいという欲求をくすぐることだ。

リーダーは第一に、価値に基づく明確でわかりやすく好ましいビジョンを持っていなければならない。第二に、部下の行動の指針となるような価値観や基準を設定する責任がある。第三に、信頼を築くうえで必要な寛容、相互尊重、一貫性、強みなどを生み出さなければならない。

信頼という基礎がなければ社員を鼓舞するリーダーにはなれない。そこがマネジメントとリーダーシップの違うところだ。信頼がなくてもある程度はプロジェクトを管理できるかもしれないが、高いゴールに向けてチームに力を発揮させて初めて成果は持続する。

ここには時間の要素も関係してくるが、リーダーシップについて考えるときに見過ごされがちである。戦闘に勝利するような短期目標を達成したいのか、戦争に勝利するような中期目標を達成したいのか、あるいは平和を維持するような長期目標を追求したいのか。それぞれの目標に対して必要なリーダーシップのタイプと部下が異なる。

従来の企業リーダーは、軍隊や軍事的な物の考え方をする傾向があり、「ゲリラ戦術」や「ボロ儲け（make a killing）」といった表現をよく使った。孫子の兵法は今なおビジネスリーダーの必読書とされている。

かつて、企業における教育や考え方は階層構造を強く反映していることが多かった。

・課題は与えるが、権限は与えない
・自発性より従順
・成果よりもこなした仕事の量
・情報の自由な流通やプラズマ構造ではなく、ピラミッド型組織の垂直の昇進構造

このような階層構造の有益性や効率性を過小評価すべきではない。現に戦闘で勝利をもたらし、

時代の趨勢を担ってきた。だが、今日のグローバル経済において正しいアプローチなのだろうか。

その疑問がブラベックの講演の第二のキーワード、つまりグローバル化した今の世界につながる。ダボスの世界経済フォーラムから戻ったばかりの彼は、現在のグローバル経済とその課題が「ネットワーク」と「持続可能性（サステナブル）」という言葉で象徴されることをフォーラムで認識したという。この点について次のように語っている。

「私たちは極めて複雑なグローバルネットワークの中に暮らしており、そのネットワークはますます安定し、持続可能なものになっています。従来の経営の考え方はもう通用しません。時代に合わず、今後は受け入れられなくなるでしょう。必要なのは、複雑で持続可能なグローバルネットワークにおいて社員を鼓舞するリーダーです」

新しい技術や情報への即座のアクセスは、会社を組織し経営する方法に大きな影響を与えてきた。ネスレでは、CEOが行う主要スピーチ、すべての記者発表、全株主総会の内容がインターネットを通じて世界中の二八万五〇〇〇人の社員全員に送信される。情報はもはや上に立つための道具ではなく、価値観や姿勢を創り出すために活用すべきものだ。

「ネスレでは、一部の仕事の職務内容説明書をなくし、担当する社員自身がその仕事をどのように行いたいか、どのような優先順位で自分の目標を達成したいかを決めています。ピラミッド型組織からフラットな組織に改造しました。工場も、工場長から作業員まで三つの階層しかありません」

成果主義の導入によって、プロセス重視へのこだわりがなくなった。すべては知識と経験を集め、それを組織全体で利用可能にできるかどうかにかかっている。それは当然、階層構造の要件とは根本的に異なる。ネットワークにおいて成果を上げるために必要なのは、マネジメントよりも社員を鼓舞するリーダーだ。

ブラベックは、ノーベル生理学・医学賞受賞者のジェラルド・エデルマンと一九七二年に交わした会話がきっかけで、組織構造に対する見方が変わったという。彼はエデルマンに、なぜ人間の脳の神経回路網（ニューラルネットワーク）はこれほど似通っているのに、人によって取る行動が違うのか訊ねた。

するとエデルマンは、人間の脳はシステムとして選択的に動くのだと答えた。何をどう学ぶかは個々の選択によって行われている。脳からの指令によって神経の結合は新しいつながりを作ったり、古いのを解いたりして組み替えている。

これがブラベックの考える、ネスレの組織の青写真になった。彼はそれを「プラズマ組織」と呼んでいる。それは人やニーズによって変わり続け、外部環境と相互作用する生きる器官だ。ネスレの組織は、脳のように新しいノード（結節点）やつながりを創造し続けるのだ。

今の執行役がこの組織のノードだ。実際の要件に応じてつながりが強くも弱くもなる。社員は我々の協力者となり、透明性を超えて常に変わり続ける複雑な組織で、自動的に成果を上げる。

ブラベックは続ける。「それで事業運営は効率的に効果的に行えるのか」。そのような高業績の企業文化は、信念や価値観によって統治しなければ作ることはできない。ネスレ社内には「ネスレ マネジメント及びリーダーシップの基本原則」があり、社外との関係については「ネスレの経営に関する諸原則」がある。トップダウンとボトムアップの継続的なコミュニケーションによって、組織全体がそれらの原則に同調している。

「ネスレの社員は会社が目指しているゴールと、そこへどうたどり着こうとしているのかを知っています。チームとして力を合わせれば合わせるほど、共通のゴールにたどり着くためにより大きな貢献ができることを一人ひとりがわかっています。そのような組織構造は当然、個々人に大きな努力を求めます。不確実性やストレスに対応できる鉄のような神経、健康、そしてユーモアのセンスが必要です。

リーダーの仕事は、全員を調和の取れた全体に融合させることです。オーケストラの指揮者も社員を鼓舞するリーダーです。親しい友人であるロシアの有名な指揮者ワレリー・ゲルギエフにこう言われたことがありました。『演奏者に自由を最大限に感じさせてあげることも指揮者の仕事だ。ただし、それには指揮者側、演奏者側のどちらにも規律が求められる』」

したがって、成功企業のCEOにとっては、慢心と戦い続けることも大事な仕事の一つだ。現状への満足は、持続的な成功の永遠の敵だ。CEOの価値は、過去ではなく次の成功で決まることを肝に銘じよう。

リーダーシップは権力を賢く使えるかどうかにかかっている。権力は、意志を現実に変えるためにある。人は、自分より大きなものに帰属したいと願う生き物だ。一人では達成できないことを達成し、共通の目的を追求したい、知識を求め、得たものを人と分かち合いたいと思う。自分以外の人々のために、それを可能にする場を創ることが、人を鼓舞するリーダーの仕事である。

column

中南米時代での経験が生きている

――メキシコ元大統領 エルネスト・セディージョに聞く

エルネスト・セディージョ・ポンセ・デ・レオン。一九五一年生まれ。メキシコシティの工科大学で経済学を学び、イェール大学で博士号を取得。一九七八年、メキシコ中央銀行に入行、一九八七年、予算企画省で秘書官に就任。一九八八年に予算企画大臣、一九九二年に教育大臣に任命される。一九八八年からは、経済・財政・社会の回復に関する国家開発計画や、北米自由貿易協定(NAFTA)のメキシコ受理条件の設定に携わる。一九九四年から二〇〇〇年末まで、メキシコ大統領。その後、さまざまな国際企業や組織のコンサルタントを務める。現在は、イェール大学グローバリゼーション研究センター所長として、グローバル化に関する指導的発言者の一人であり、世界経済フォーラムのファンデーションボードのメンバー。

――ブラベックに初めて会ったときのことを覚えていますか。

「私がメキシコ大統領に就任して間もない頃、ヘルムート・マウハーとカルロス・エドゥアルド・レプレサス(当時のネスレアメリカ地域副社長)に紹介されました」

——世界経済フォーラムでブラベックと共同で行ったプロジェクトで、特に印象深いものはありますか。

「私がピーターのことで一番に思い出すのは、メキシコの経済状況がよくなかった時代に、メキシコ事業に非常に熱心だったことです。ピーターは、メキシコの人々や政府を信頼しており、その考えは正しかった。当時猛烈な反対を受けたチアパス州のプロジェクトを含め、彼が立ち上げたプロジェクトは結果的に成功しています」

——ブラベックや、中南米におけるネスレのCSV活動についてよくご存じだと思いますが、そこに暮らす人々の社会的・経済的状況への好影響は感じていますか。

「ええ。社会的責任という領域におけるピーターのリーダーシップを象徴する事例だと思います。ネスレがメキシコでやっていたことがいくらかヒントになっていると思いたいですね」

——現在の中南米の政治や経済の状況についてはどのようにお考えですか。

「いくつか残念な点はありますが、中南米は最近の経済危機から脱し、新たな自信を身につけつつあります。数年前に実施された改革で回復力が高まり、第二次世界大戦後、最大の世界的危機に耐えることができました。中南米は全体として、さほど大きくはありませんがリーズナブルな成長に再び向かうでしょう。改革のプロセスを繰り返せば、数年後には世界の成長を牽引する重要な担い手になっているはずです」

——ネスレとブラベックは、国際経済や国際社会でどのような役割を担うと思いますか。

「ネスレは、優れた消費材メーカーです。もう一つの卓越した同業者、P＆Gの社外取締役として申し上げているのです。ピーターは今や紛れもなくネスレの目覚ましい歴史の一部であり、人々の幸福に貢献していると思います」

——今後、グローバル企業の役割は変わっていくでしょうか。

「世界的に競争が激しくなるにつれ、企業は顧客によりよい商品、株主によりよい結果を届けようとするだけでなく、より優れた世界市民になろうと努力するでしょう」

——ブラベックの人となりについて何か教えてください。

「もちろん並外れたビジネスリーダーですが、それ以上に、この世界で最も深刻な問題を心配し、それに対処しようとしている良心の人だと思います。友人としては、音楽やスポーツに対する愛情、幾分〝ラテンアメリカナイズ〟したユーモアのセンスが好きです」

――彼の本にぜひとも記すべきことはありますか。

「ピーターがオーストリア人であり、母国を非常に誇りに思いながら、生活と仕事の拠点をスイスに置き、世界中を飛び回っていることです。彼は本当に素晴らしいオーストリア人グローバル市民です」

column

二人が合意に達しなかった議題はない

――ネスレ元取締役会長 ライナー・E・グートに聞く

ライナー・E・グート。一九三二年生まれ。最初は、パリにあるクレディ・コメルシアル・ド・フランス銀行、ロンドンのファースト・ナショナル・シティ・バンク、そしてチューリッヒのシュバイツェルリッシュユニオン銀行（現スイス連合銀行（UBS））に勤務。

一九六八年、ニューヨークのラザード・フレール&カンパニーのゼネラルパートナーになり、一九七一年、ニューヨークにある、クレディ・スイス銀行の持株会社だったスイス・アメリカン・コーポレーションの会長兼CEOに就任、米国で投資銀行業務に携わる。

一九七三年、クレディ・スイスのチューリッヒ本社に呼ばれ、役員に任命される。一九七七年、執行役員会議長、一九八二年に頭取に選任される。一九八三年から二〇〇〇年まで、チューリッヒのクレディ・スイス銀行の取締役会長を務め、一九八八年から二〇〇〇年まで、クレディ・スイス・ファースト・ボストンの取締役会長、一九八八年から二〇〇〇年まで、クレディ・スイス・グループAG（かつてのCSホールディング）の取締役会長、二〇〇〇年以降は同グループの名誉会長を務めている。

一九八一年から二〇〇五年までネスレS・Aの取締役を務める。一九八八年、中枢である会長諮問委員に選任され、一九九一年に取締役会第一副会長に就任。二〇〇〇年から二〇〇五年まで、取締役会長としてネスレを率いる。


――取締役会長就任時、ネスレやブラベックのことをどの程度ご存じでしたか。

「その数年前に遡りますと、一九八一年にネスレの取締役になったとき、マウハーが取締役社長を、その後、取締役会長を務めていました。私自身は、一九八八年に会長諮問委員に選任され、一九九一年にその副会長になりました。

この頃がおそらく、前世紀のネスレを最も象徴する二〇年間だったと思います。ネスレは市場に近い場所で事業を行うようになり、世界最大の食品会社になりました。それから取締役会長を五年間務め、二〇〇〇年にはネスレのことを熟知していました。

この間、私はピーターが会長になるまでの仕事ぶりを注意深く見ていました。時とともに信頼関係が生まれ、それは、他の経営陣も同じでした。不安は一切ありませんでした。どの国のどの社員にとっても常に会社が最優先です。狭量な考え方は受け入れられません。

ピーターは、CEOとして会社を大きな成功に〝すんなりと〟導きました。これは褒め言葉です。彼は驚くべき多才な人物です」

――どういう意味でしょうか。

「地に足がついている。自分のルーツもゴールもわかっています。そして勤勉です。自分に試練を与え（登山など）、公私をバランスよく両立させています。

生まれ持った知性、経済や世界政治や芸術、文化、哲学に対する絶えざる興味、博識、それらがさまざまな重要な分野における彼の知識や教養を形成しているのでしょう。ピーターが社内外に関係なく優れた議論の相手として一目置かれているのはそのためです。ダボスの世界経済フォーラムでも、欧州産業円卓会議でも、WTOでも、国連でも。彼を特別たらしめているのは、その楽天主義と、人や自然への心からの興味なのです。
あまりよく知られていない点ですが、ピーターは相手がアイスクリームの販売員や辺鄙な山の羊飼いであっても、オーケストラの指揮者や会社のCEO、政府高官と同じように意見交換することを大事にしています。開発援助、自然や気候の保護など人類の問題に熱心に取り組んでいます。ネスレのビジネスは、水をはじめ多くの天然資源を利用します。ピーターは、最も貧しい人々が水を利用できるように活動し、実際に成果も上げています。

――彼は強引にのし上がったのでしょうか。

「とんでもありません。常に会社の利益を最優先していますし、自分の役割をわきまえています。一例を挙げましょう。誰がマウハー会長の後を継ぐべきかという話になり、ヘルムートから正式な打診を受け、引き受けるべきかどうか迷っていました。ピーターの感情を害したくなかったので、ピーターと一対一で話をさせてほしいと申し出たのです。
彼は私に引き受けるように言いました。当時、彼はCEOとしてネスレの企業戦略を実行し、将来展望を描くことに専念しており、その間、重要なポストは人に任せたいと考えていたのです。瞬時の、嘘のない彼の同意で会長職を引き受ける決心がつきました。それを後悔したことはありません。むしろネスレという屋根の下でピーター・ブラベックと一緒に仕事ができたことは、私のキャリアを締めくくる幸せな結末となりました」

――強い個性を持つ二人が一緒に仕事をするのは簡単ではなさそうですが。

「簡単かどうかで表現しようとすると、我々の関係をうまく表せません。ピーターは一緒に仕事しやすい相手です。仕事が速いし、やりたいこともはっきりしている、コミュニケーションをよく取り、そして生まれつきのファイターです。大きなプレッシャーにもかかわらず、いつもと言ってよいほど上機嫌で、どんなアイデアや建設的批判にも耳を傾けます。意思決定を行う際の絶好のスパーリング相手です。簡単に説得できるという意味ではなく、非常に頼もしい議論の相手でありCEOです。

彼は、自分が完全に正しいと納得するまでとことん考え抜いてから決断を下す人間です。それは躊躇しているのではなく、十分な調査と、詳細に至る検討、考えうるすべての影響を吟味したうえで決断しているのです。

私が会長でピーターがCEOだった時代に、取締役会で二人が合意に達しなかった議題はありません。買収、戦略変更、人事、どんな案件についても二人の考えは一致していました。市場の急激な変化に応じて、限りなく短い時間で意思決定を下さねばならない、特に合併や買収の案件では、この一致が互いに対する限りない信頼を培い、あらゆるプラス面、マイナス面をオープンにしようという関係につながったのです」

――現在の関係は。

「信頼関係と友情で固く結ばれています。ヴェヴェー本社で有意義な会合を定期的に行っています。ネスレをさらなる発展に導く彼の意気込みと能力に感謝しています」

column

最高の後継者を選ぶことができた
――ネスレグループ前CEO ヘルムート・マウハー

ヘルムート・マウハー。一九二七年生まれ。西アルゴイ地方のアイゼンハーツにあった生乳会社で見習いを終えた頃、その会社がネスレに買収され、その結果、ネスレのフランクフルト拠点に移る。仕事の傍ら、経営を学び、経営学修士号を取得。一九六四年から一九八〇年まで、ネスレでさまざまな役職を務め、一九七五年にドイツのネスレグループのトップに就く。

一九八〇年にゼネラルマネジャー、執行役員としてヴェヴェーにあるネスレ本社に移り、その一年後にCEOに就任。一九九〇年から一九九七年まで会長とCEOを兼務する。その後、CEOを退任し会長職を二〇〇〇年まで務めた後、名誉会長となる。エストリッヒ・ヴィンケルにあるヨーロピアン・ビジネススクール、ミュンヘン工科大学、メキシコのグアダラハラ自治大学にて名誉博士号を取得。

マウハーは、現役を退いてしばらく経った今も人々に記憶される数少ない伝説的な欧州人経営者の一人だ。永遠の「ミスター・ネスレ」であり、経験とマーケティングの人であり、その剃刀のように鋭い判断力、誠実さ、愛嬌、ウィットは、今でも人々を魅了し続けている。


自分の後を継ぐのは誰にとっても難しいことだっただろう、とマウハーは率直に認めている。だが、ブラベックはこの上ない適任者だった。マウハーは、ブラベックがまだ南米でマーケティングマネジャーをしていた頃から彼に目をつけていた。そこで、国際経験と実力を証明するチャンスを与えるために、ブラベックをヴェヴェー本社に呼び、調理用食品を扱う戦略ビジネスユニットの責任者にした。

しばらく欧州の大きな市場をやらせたいとも考えていたが、ブラベックがカリナリー事業部、その後、すべての戦略ビジネスユニットの責任者を歴任し、広範な経験を積むと、CEO候補として資格十分と判断した。

それから二人共同でネスレブランドの再構築を行った。その効果は、今もネスレの成功を支えている。ブラベックは、まだマウハーがCEOだった頃から水ビジネスへの参入を推進していた。その市場機会に気づいていた人はほとんどなく、他社の中には彼をあざわらう者もいたが、CEOだったマウハーは、エネルギー、水、穀物を世界の三大不足資源と予測していた。最後の二つは、ネスレのビジネスに欠かせない資源だ。

また、ブラベックはアイスクリームやペットフード、シリアルといった成長の見込める製品群の開発と商品化を進め、企業買収などを通じて米国など弱い市場での存在感を高め、地図の空白地帯にネスレの名を記していた。

エネルギー問題には早くから世間の関心が集まっていたが、世界中の政治家や企業が水や農業の問題を認識するようになったのは、主としてブラベックの功績である。マウハーは、個人の状態に応じた栄養管理に関する研究分野でネスレが先導的な役割を担うべきだと考えている。栄養管理は、特に先進国の人々にとってますます重要になっている。適切な食事がどのようなものかはこれからの議論だが、特定の病気の予防や治療において、食事が果たす役割はますます重要になるだろう。

マウハーは引退後、ネスレの経営に関して公に語ることはほぼないが、今でもその活動を見守っている。この危機の時代に、ブラベックとポール・ブルケが互いを見事に補完しながら会社を動かしていることに満足していた。

ブラベックには、困難な状況を切り抜け、危険に立ち向かう度胸があるとマウハーはいう。その責任ある行動によって、ネスレのイメージシンボルになった。

マウハーが付け加えるところによれば、主に取締役会に関する案件と重要な戦略の監督をブラベックが担当し、ブルケが主に業務執行を行っている。また、取締役会と経営陣の職務と機能について、取締役は通常の機能に加えて、戦略決定や方策の長期実行に特に目を光らせねばならないという。なぜなら、財務上の圧力や競争によって経営陣の判断が近視眼的になりかねないからだ。

第3章

未来に向けた“青写真”

ブランド再構築、新たな戦略領域、組織変革

ブラベックは、CEOとして下した決断を振り返り、「ブランディングポリシー」「栄養・健康・ウエルネス企業への転身」「巨大タンカーから機動性の高い船隊への組織改革」の三つを最も重要なものとして挙げている。

ブランドとマーケティングを刷新する

ブラベックは、CEOの正式な候補に挙がる前から、マウハーと共にブランド及びコミュニケーションに関する方針を含む、将来の商品戦略を立てていた。マウハーは、前向きな思考を持つブラベックが、ネスレに必要な商品と適切なマーケティング・コミュニケーション戦略を決める役として適任だと考えた。一九九五年からメディアの窓口も彼に任せていた。

マウハーとブラベックは、一〇のワールドワイドコーポレートブランド、約五〇の戦略的ワールドワイド製品ブランド、一五〇の戦略的リージョナルブランド、七〇〇の戦略的ローカルブランド、ほぼ一国のみで展開する七五〇〇のローカルブランドをピラミッド構造に体系化した。

個々のブランドの責任は、担当する戦略的ビジネスユニット（SBU）にある。ブランドの重要度によって、経営チーム（ワールドワイドコーポレートブランドの場合）、ゾーン（戦略的ワールドワイド製品ブランドの場合）、マーケット（戦略的リージョナルブランドの場合）が共同して責任を持つ。

その後、ワールドワイドコーポレートブランドを一〇から六ブランドに減らすとともに、ブランド階層を単純化した。現在、ネスレにはコーポレートブランドと製品（群）ブランドの二種類のブランドしかなく、それぞれをグローバル、リージョナル、ローカルの三つのレベルで使用している。

マウハーとブラベックはさらに、ネスレの利益を確保しつつ、低所得層に手の届く価格で栄養価の高いおいしい製品を提供する「手の届く価格帯の製品（ＰＰＰ：Popularly Positioned Products）」というコンセプトを打ち出した。これらの製品は、発展途上国と先進国の両市場に導入されている。

実は一九八〇年代の終わりまで、ネスレでは技術ブランドを使用していた。例えば、冷凍食品技術の「フィンドゥス」、乾燥食品の「マギー」、冷蔵食品の「エルタ」などだ。各ブランドの特徴はその技術にあった。さまざまな技術を売り出した後、初めてブランドを前面に打ち出したのが「ブイトーニ」だった。これによって、パラダイムシフトが起こった。

ブラベックには、「ブイトーニ」ブランドの「故郷」として「カーサ・ブイトーニ」を作り上げるというアイデアがあった。そこでネスレは一九八九年、ジュリア・ブイトーニ夫人が一八二七年に創業した、トスカーナ州サンセポルクロにあるブイトーニの屋敷をブイトーニ家から買収した。

ネスレはそこにネスレの研究開発・ＰＲセンターを設置した。同センターは今も同じ場所にある。このカーサ・ブイトーニと、現在も使用されている品質保証マークを中心としたブランディングポリシーが打ち立てられた。これはブランドポリシーとしては画期的なやり方であり、国内外で報道され話題となった。

ブラベックがこの戦略を思いついたとき、マウハーは会長諮問委員会にかけるよう助言した。ブラベックがグートやフリッツ・ゲルバーと接点を持ったのはこのときが初めてだった。「あのときのやり取りは非常に面白かった」とブラベックは思い出す。ゲルバーは、ロシュとの関係で医薬品市場の今後の変化や、それに伴いブランディングポリシーがより重要視されるかどうかを考えていたところであり、ブランド戦略全般に非常に強い興味を持っていた。

後にブラベックはゲルバーの誘いでロシュの取締役に迎えられ、財務委員会の委員に就任したが、一番の任務はマーケティングと、医薬品のブランド戦略を立てることだった。

ネスレの競争力を強化するための〝四本柱〟

一九九七年六月、ブラベックは、会長とＣＥＯの職に就くやヴヴェーで行われたマーケットヘッド会議で彼の最初の「未来の青写真」（Blueprint for the Future）を発表した。ネスレの将来について自分の考えをまとめたもので、世界中のネスレ社員に配布され、そして一年半ごとに更新した。

ブラベックは、基本構想はひとまず置いておいて、ネスレの強みにひたすら専念するという自らの決断を記した。世界最大の食品メーカーであるネスレは、競合するどの大手企業よりも将来のチャンスを発見しうる立場にある。そこにあるさまざまなアイデアや計画に集中し、すみやかに応用・強化・アップデートしなければならない。

現状に満足することをよしとせず、それを「企業成長の最大の敵」と呼んだ。「飽和市場」というものはなく、マネジャーが飽きたにすぎない。工場閉鎖といった安易な道に逃げず、その工場を再び黒字にするために新製品を開発するといったチャレンジをしてほしい。

そして最後に、積極的に外部へ拡大していく方針が内部成長と両立するのかという問題を提起し、今後は内部成長に集中すると宣言した。

ブラベックは、数量ベースの内部成長率四%と、EBITDA（利払い、税金、償却前利益）の継続的改善という目標を自ら課した。のちに、五～六%のオーガニックグロースという目標を設定した。

さらに、最も重要な内部成長領域を「栄養」、つまり「健康的な食事」とした。CEOとして最初に行ったのは、そのための事業部を作り、自分の直轄とすることだった。二〇〇六年、ネスレニュートリションは本社（グローバル）が管轄する独立事業部となった。

ネスレの競争力を持続的な水準に強化するため、彼は四本柱の戦略を打ち立てた。新規の柱を立てるのではなく、いっそう集中して取り組むべき項目となっている。

①経営効率の向上による、生産コスト及び一般管理コストの低減

②「60／40」と呼ばれる比較調査で平均点以上獲得した製品について、おいしさ及び栄養の質における製品イノベーションとリノベーションを推進する。ネスレの全製品について消費者調査を行い、六割以上の人が競合製品よりも当社製品を選んだ場合にのみ、その製品を市場投入するかマーケティング支援する

③顧客は「いつでも、どこでも、どんな形でも」製品を手に入れることができるという基本原則に則った顧客の製品入手性の向上

④ネスレブランドを感情面、機能性ともに最高の状態で見ていただくための顧客とのコミュニケーションの向上

巨大組織の大改編——巨大タンカーから機動的な船隊へ

ブラベックは、自ら設定した野心的な目標を達成するために、ネスレの製品ポートフォリオを

継続的に見直す必要があると述べている。この点について、彼は三つの原則に従うとしている。

①今なお売上高と利益の最大部分を占める伝統ブランドとその製品のリノベーション。インスタントコーヒー、乳飲料、その他の粉末飲料、カリナリー（調理用）製品、チョコレートが含まれる

②急成長分野製品の拡充。ブラベックはここで、水、アイスクリーム、ペットフードを優先すべき三つの製品カテゴリーとして挙げている。ネスレは、それぞれの製品カテゴリー市場の世界的リーダーであるため、彼はこれらの新領域の戦略的統合を特に重要な課題と考えている。急成長分野には、外食の増加や、少量・多頻度の食事トレンドによって成長が期待されるすべての製品が含まれる

③成長分野への参入及びその強化、新たな事業機会の開拓。ブラベックは、この一環として、ネスレ固有の知識が価値創造に結びつきにくい事業部を売却し、新たな製品カテゴリーを見つけている。例えば、機能性食品、医療・栄養サービス、体重管理製品、特定の栄養特性を持つ製品シリーズ、消費者の個別の栄養管理目標の達成を支援するサービスなどだ

この三大決定の二番目、「食品メーカーから栄養・健康・ウエルネス企業への戦略的転身」には、その前提条件として、三番目の企業内部の改革が必要だった。

二〇〇〇年三月、組織を大きく再編するGLOBEプロジェクト（Global Business Excellence）がスタートし、実施段階は二〇〇六年末に完了した。この構造改革なくして、これだけの規模と複雑さを持った会社を効率的に経営することは不可能だったと彼は今も考えている。いわば、巨大タンカー「ネスレ号」を解体し、戦略的旗艦、つまりヴェヴェー本社が率い、リージョナルやグローバルの補給船が支える機動性の高いクルーザーや高速パトロール船の船団に生まれ変わらせるようなものだ。

GLOBEは、純粋なITプロジェクトでもコスト削減プログラムでもなく、どちらの要素も併せ持っている。その基本的な狙いは、急激に変化する環境に応じてグループの規模を最適化し、協調と統合を通じて屋台骨を強化することによって、グローバルレベルでの競争力を高め、複雑さと経営効率を両立させることだ。これらの基本的な考え方を三つの主要なプログラムの導入によって実行に移した。

①ベストプラクティス
②データ基準とデータ管理
③情報システム及び技術の標準化

「八〇〇以上あったビジネスプロセスごとに会社を切り分けていきました。営業担当者から顧客への最初のアプローチに始まり、商品が最終的に消費者個人の手に届くまでです。その間には、購買、製造、物流、マーケティング、財務管理、会計、人事などもあります。次に、それぞれのビジネスプロセスのベストプラクティスを選び、世界中の社員に周知し、全社で取り入れました。そして最後に、すべてを元に戻したのです。凄まじく大掛かりな仕事でリスクも非常に大きかったので、株価が一時下がりました」とブラベックは振り返る。

「ビジネスプロセスを一から十まで分解して再構成した会社は、ネスレほどの規模ではなおさらですが、他に類を見ないからです。もし最後にピース同士がうまく噛み合わなければ、一時的に、あるいはもっと長い間、業務が麻痺する危険がありました。しいて例を挙げれば、米国の同業他社が似た施策を試したことがありますが、結果として二カ月間納品が止まりました。アナリストはおそらくこの前例を引きずっていたのでしょう。ネスレはこのプロジェクトに三〇億スイスフランを投じ、六年間にわたって約二〇〇〇人をフルタイムで雇いました。簡単な仕事でなかったことは確かです」

ブラベックは最大のカギとして、プロジェクトリーダー選びを挙げている。クリス・ジョンソンという、かねてより目をつけていた若手の米国人を選んだのだが、彼は米国と日本での実績、また台湾のマーケットヘッドとして、さらに水ビジネスにおいても、新しいビジネスプロセスを導入するなど革新的な仕事を成し遂げていた。

「ジョンソンはＩＴの専門家ではなく、創意に溢れた事業家タイプで、人をぐいぐい引っ張るプロジェクトリーダーでした。彼をすぐに経営チームに迎え、全社を挙げてこのプロジェクトに注力する意志を社外に知らせたのです。私自身もどっぷり浸かりました。

私はGLOBEが成功しても失敗しても、私が会社に残す最大の遺産になると言い続けました。GLOBEがなかったら、今のネスレの強みは得られなかったでしょう。つまり、複雑さと効率の共存です。今だから言えますが、当初は社内の八割がプロジェクトに反対し、二割が賛成でした。ですから、どのような考えで行うのかを丁寧に説明し、最優先事項の一つに掲げたのです。さもなくば実現はおぼつかなかった。私はこのプロジェクトの全責任を負っており、失敗すればCEOを続けられなかったでしょう。GLOBEは、ビジネス界で大きな話題となりました。多くの経営者に注目され、マスコミにもよく取り上げられたものです」

二〇〇四年一月、ネスレの食品飲料事業のおよそ八割で運用が開始された。一〇万人を超えるユーザー、五〇〇の工場、四〇〇の物流センター、三〇〇以上の販売拠点が新たな機会を活用し始めた。GLOBEのおかげでネスレの社員は、それまでより整然と相互連携が取れるようになり、情報収集や情報交換を盛んに行うようになったため、意思決定に関わるさまざまな部門間の調整が行われやすくなった。

ネスレのデータベースを整理したところ、約六〇〇万の品目、顧客、サプライヤーに関するデータの五割以上が古いか重複しており、そのうちのさらに三五%が間違っているか正確でなかったことが明らかになった。このパーセンテージの大きさは素人には恐ろしく感じられるが、専門家から見れば、大企業のこのようなデータベースの整理ではけっして珍しい数字ではないらしい。

現在ネスレは、自社が約一二万品目を販売し、そのうち二万五〇〇〇品目を海外へ輸出していることを正確に把握している。そして、合わせて三〇〇以上の世界共通基準を使って市場間の報告や輸送、取引に関する決定を行っている。

GLOBEの成功を数値化するのはまだ難しいが、GLOBEなしでは組織改革も業績改善も実現できなかったことを、関わった人すべてが確信している。

すべての社員に情報を

顧客、株主、一般大衆、世界中のネスレ社員とのコミュニケーションに非常に高い優先度をつけていたブラベックは青写真を描き、CEOに就任した最初の日に全社に配布した。ネスレの歴史が始まって以来、そのようなことをするCEOは初めてだった。

ブラベックは、自分のやろうとしていることとその理由を、工場で働く末端の作業者を含め、ネスレの全社員が正確に知ることが重要だと考えた。また、各マーケットに足を運び、現地で働く人々と直接話をすることが不可欠だと認識していた。彼自身、南米駐在中、コミュニケーション方針に大きな不満を感じていた。主要な国のCEOが事業計画や重要事項を報告するマーケットヘッド会議は、ヴェヴェー本社で隔年しか開催されていなかった。

「チリのCEOは、ヴェヴェーに一週間いました。そこでどのような決定がなされ、自分たちにどう影響してくるのかを当然知りたかったのですが、会議の内容を知っていたのは彼だけでした。

そのCEOが帰国して内容を報告するのは、次のゼネラルマネジャー会議が開かれたときでした。そして、当時『サヴォイ』アイスクリームの責任者だった私の上司から我々に説明が下りてきたのは、ヴェヴェーの会議から二カ月も経った後でした。

しかしその頃になると、CEOやゼネラルマネジャーの個人的な見解が入りすぎて、元々の意図が理解できなくなっていたのです。

このような経験から、コミュニケーションには最初から取り組まなければならないと考えていました。目指していた改革は大規模なものでしたから、各マーケットの現地社員に内容を理解してもらわなければ、計画は実行できなかったでしょう。

コミュニケーション技術が格段に進歩したおかげで、昔よりはずっと楽にできたと思います。まず、イントラネットを構築しました。世界中のネスレ社員が私の描いた青写真を見て考えることができる、画期的な一歩でした。それ以来、CEO会議や記者会見、そして年次総会までもがウェブキャストで中継され、社員の誰もが直接参加できるようになっています。今では、運転手もデュッセルドルフの工場で働く作業員も、ドイツのマーケットヘッドと同じくらい何でもよく知っています。パソコンにログインするだけですべての情報をたどることができる。情報の民主化が起こったのです。

かつて情報は権力者の道具でした。『私は知っているが君は何も知らないし、どれだけ知らせるかは私が決める』のが通例でした。今、上司は『上からの指示』だと言って部下に仕事をさせることはできません。いまや上の言ったことは筒抜けだからです」

ベンチマーキングより、他社とのギャップを創造せよ

ブラベックがCEOに就任した頃は、あちこちでベンチマーキングが行われていた。つまり「業界最高水準」に到達することを目的に、業界大手のやり方と自社のやり方とを比較する手法だ。「それはあまりイノベーティブではありません」とブラベックはいう。「ネスレはマウハーの時代にすでに最高水準に達していましたので、比較する相手などいないでしょう」

そこでブラベックは次の手を考えた。それは「ベンチブレーキング」、つまりネスレと競合他社との間に可能な限り大きなギャップを作る（水をあける）ためのあらゆる努力をすることだ。この「ギャップ創造」モデルを導入した。「背後にいるライバルを振り返るのではなく、ライバルを突き放し、あらゆることでライバルとの間にギャップを作る。このギャップ創造によって、他社より早く遠くに進むことができます」

ブラベックは説明する。「もちろんベンチマーキングのほうが簡単ですが、ベンチブレーキングとの違いは、オリンピックでの米国人ランナー並みに歴然としています。いつも他の選手の一〇メートル先を走っているでしょう。彼はライバルのベンチマーキングなどしていないし、自分が二位や三位や四位の選手と同じ水準かどうかなど確かめたりしていない。ただ自分のレースをしただけです。もちろんこのほうが大変ですが、結果はまったく違ってきます」

「当時のネスレモデルはギャップ創造でした。CEOに就任すると、まず売上高と利益のどちらを優先するのかと聞かれた。私の答えは『どちらか』を『どちらも』に変えること、他社とのギャップを創造することでした」。その考え方は斬新であり、ブラベックの基本的なスタンスから生まれたものだった。つまり、過去の栄光に甘んじることなく、他社の先を行け、他社が追従したくなるような戦略を展開し続けよ。

ネスレの「いつでも、どこでも、どんな形でも」の理念も、ギャップ創造の一例だという。他社は主として、国際小売チェーンを通して商品を販売し成長を目指していたが、ブラベックは満足しなかった。ある競合大手は、五大顧客だけで売上高の半分以上を占めていた。「(ネスレは)そうする気はない、ネスレ製品は、いつでも、どこでも、どんな形でも入手できるようにする、と言いました」。現在、ネスレの売上高における国際小売チェーン一〇社のシェアは二割だ。「だから一社に何かが起こっても、他社より受ける影響は少ないでしょう」

マーケティング分野でのギャップ創造の模範例は、「ネスプレッソ」だ。ブラベックは、レギュラーコーヒー事業の売却を決めていた。コーヒー一杯六・五サンチームか七サンチームかの競争に飽き飽きしていたからだ。「ネスプレッソ」は一杯五〇サンチーム（約六〇円）である。

「『ネスプレッソ』用に世界最高のコーヒーを買いつけました。『ネスプレッソ』の品質要件を満たすのは、世界のコーヒー生産量の一～二％しかありません。それは今も変わりません」とブラベックは言いつつ、さらに重要なのは「焙煎したてが飲めること」だと付け加えた。

一杯分のコーヒーは即座に真空パックする必要がある。一キロ袋のコーヒーは開封すると短時間で香りが抜けるが、「ネスプレッソ」カプセルは、コーヒーを淹れるときに初めて開封されるため、どの一杯にも香りと鮮度が保たれている。それがおいしさの理由だ。

「ネスプレッソ」を淹れるときの技術も一役買っている。カプセルはカットされて開封されるのではなく、高圧をかけることでアルミ箔が自然に開き、湯ではなく蒸気が最初にコーヒーに届く。つまり、単なるコーヒーではなくエスプレッソとなる。高温の蒸気によってコーヒーの細孔を開いたところで湯が入る。「それがこのコーヒーのユニークなところであり、成功している理由です。このずば抜けた特徴がなかったら、どんな広告を打っても、ジョージ・クルーニーの力をもってしても成功しなかったでしょう」

そしてブラベック曰く、ギャップ創造の最高の例は、栄養・健康・ウエルネスという新しいカテゴリーを生み出し、誰もが認めるマーケットリーダーとなったことだ。こうして世界で最も成功した食品メーカーは、世界をリードする研究開発重視の栄養・健康・ウエルネス企業に生まれ変わった。

「新しい領域を自ら確立し、他社と一線を画したわけです。そして今、他社の追従を受けています。例えばダノンも、栄養・健康・ウエルネス企業となりました。もっとも、規模ではネスレよりかなり小さいですが」

ネスレの売上高シェアの大部分は今も食品事業が占めているものの、続々と栄養価の高い製品に置き換えている。また、顧客サービスやコンサルティングの範囲も拡大している。ネスレは、企業買収によってすでに「栄養療法」の分野では紛れもないマーケットリーダーである。

栄養・健康・ウエルネス企業への転身に欠かせなかった前提条件の一つが、研究開発活動の再編だった。現在ネスレでは八つの健康促進分野に専念しており、そのどれもが新規事業につながる莫大なポテンシャルを秘めている。

ネスレ ニュートリションの研究部門は、高齢化社会で重要な意味を持ついくつかのプロジェクトに取り組んでいる。他にも、がん患者の化学療法や放射線治療の副作用を緩和する製品や、免疫系の強化などにより、消費者の生活の質の向上に役立つ製品を研究している。

研究部門が扱うのは、新製品や原材料だけではない。何十年もの経験に培われた押し出し成形技術を始めとする新しい加工法も開発しており、朝食用シリアルやエナジーバー、パスタ、ペットフードなどで利用されている。

この研究から生まれたのが、低温冷凍によって低カロリーのアイスクリームを製造する技術だ。

開発当時は社内にビジネスモデルがなかったため、ネスレが少数持株を取得した米ドライヤーズに売却した（のちにドライヤーズ株式の過半数を得てこの技術を取り返した）。

研究開発部門は再編を前倒しで進めており、ブラベックのCEO就任と同時に本格的な改革が開始された。狙いは、研究、製造、マーケティングの密な連携だ。最初のステップとして、ルパート・ガッサーを統括に据え、研究開発と製造、技術、環境部門を統合した。

結果として、研究開発拠点を集約し、商品化までのリードタイムを短縮化するために研究開発プロジェクトの数を絞った。さらに、「プロダクト・テクノロジー・センター」を設置し、基礎研究から製造、パッケージングまで一貫した権限を与えた。

「ウエルネス企業」という概念

ブラベックは、CEOに就任した最初の二、三年間をネスレモデルの導入と、アイスクリーム、水、ペットケアの三つの新製品分野の強化に費やしたと話す。その一環として企業買収もした。同時に、トマトとレギュラーコーヒーの事業を売却するなど、製品ラインを単純化した。

並行してブラベックはネスレの将来に取り組んでいた。二〇〇〇年に「ウエルネス企業」というタイトルの文書を取締役会に提出している。彼が構想したのは、食品、医薬品、パーソナルケアを三つの柱とするウエルネス企業だった。

ブラベックは、それまでの食品事業では、今後成長する可能性は非常に限られていると見ていた。大きな成長を望むなら、さらなる買収か、主に研究開発に基づく高付加価値商品への方向転換しかない。そこで、まだスタンダード化が進んでいない市場セグメントの製品で、より高所得の消費者を狙おうと考えた。

高齢化が進んでいる。人は老いても健康で元気であり続けたいと願う。そこでブラベックは、ホリスティックウエルネスという概念を思いつき、今後重要性を増すに違いないと考えた。ウエルネスは、人生のさまざまなステージに適した食事から始まる。食事は心と体の両方のウエルネスにプラスの影響を与える。年齢に関係なく、栄養は病気を予防する助けになるが、ホリスティックウエルネスは、そのさらに上を行く概念だ。

そこで化粧品産業とパーソナルケア産業が重要になってくる。それぞれの成長率は食品産業をはるかに上回り、しかも顧客は価格にさほどどうるさくない。スーパーや大型食料品店でも重要性を増しつつある。

数年前から医薬品業界には低価格化の圧力がかかっている。それは消費者からではなく、国からの圧力だ。豊かな国々では、いわゆるライフスタイル療法（生活習慣の改善）を志向するトレンドがある。現在、既知の疾病の三分の二しか効果的治療ができないため、今後、新しい医薬製品の開発が活発になるのは確実だ。

現時点では、食品と飲料、化粧品とパーソナルケア、医薬品の三業種は独立し、それぞれのルールに従って事業が運営されている。ウエルネスに対するニーズが高まるとともに、これらの境目が曖昧になりつつあり、商品の販売チャネルも重複し始めている。

ブラベックは、研究開発、マーケティングやブランディングポリシー、販売組織のシナジー効果を活かし、これら三領域の製品を組み合わせるウエルネス企業という概念を提案した。このセクターの企業には売上と利益の双方に高成長のポテンシャルがある。ネスレは、このチャンスを生かして主導権を握り、食品飲料メーカーの世界的リーダーから、この新たなグローバルビジネスの先駆者とマーケットリーダーを目指すべきだと主張した。

その際、タイミング、段階的な基盤作り、研究開発・販売・マーケティングにおけるパートナー探し、そして、投資家に三分野の一つだけを選ばせたがる金融市場から反発を受ける覚悟とそれを乗り切る力がカギになると考えていた。

二〇〇〇年にはすでに、ネスレがウエルネス企業に向かうための実践的な取り組みをいくつか提案している。

・企業広報・宣伝の方向転換
・性能と臨床を中心とする栄養研究を戦略的優先課題とし、適切な企業買収を実施する
・ロレアルとの提携強化

・医薬品メーカーとの提携を含む基礎研究の応用。診断法、ゲノム研究、遺伝学に関連する栄養研究に重点を置くため
・OTC市場（市販薬、非処方箋薬）の徹底調査。このセクターの法規制を理解するため
・有望なスタートアップ企業を支援するベンチャーキャピタルファンドの開設
・買収合併機会のさらなる分析。特にOTC市場、全体戦略の強化のため

取締役会に考え直すよう求められると、ブラベックはコンサルタントと再度このモデルを細かく見直した。「すべての事業とその背後にあるモデルを一つひとつ分析しました」

そして医薬品事業には、食品やパーソナルケアとはまったく異なるビジネスモデルが必要なため、ネスレに向かないだろうとの結論に達した。「医薬品事業を加えていたのは、当時これらの三つの製品カテゴリーを結びつけるのは、診断学であろうと考えていたからです。今でも同じ考えを持っていますが、そのために社内に独自の医薬品会社を持つ必要はないと気づきました」

ブラベックは、三つの分野はすべて最終的にパーソナル化に向かうだろうと確信している。つまり、個人のための栄養、個人のための治療、個人のためのパーソナルケアだ。これを実現するには、優れた診断法は必要だが、自前の医薬品会社は必要ない。

ブラベックが医薬品メーカーのアイデアを捨てるや否や、取締役会は彼の計画に賛同した。「これで食品会社からウエルネス企業になる第一歩の基礎が固まりました」

column

地に両足がついたビジョナリスト
——ロシュ元CEO フリッツ・ゲルバー

フリッツ・ゲルバー。一九二九年生まれ。ベルン大学法学部を卒業後、ベルンにある連邦経済省経済事務局（SECO）の貿易部門に入り、スイスのGATT加盟準備を進める代表団のメンバーになる。一九五八年、チューリッヒ保険（現チューリッヒ・インシュアランス・グループ）に入社し、一九六九年に社長就任、一九七四年に経営委員会会長、一九七七年に取締役会長兼CEOに就任。一九九一年にCEOから退任するが、一九九五年まで会長、以降は名誉会長。

チューリッヒ保険での役職の他に、一九七八年にエフ・ホフマン・ラ・ロシュAG（現ロシュ・ホールディングAG）の取締役会長兼CEOを務める。一九九八年、ロシュのCEOを退任するが、二〇〇一年まで取締役会長、その後名誉会長になる。二〇〇四年まで取締役に在任。

他にもIBM、クレディ・スイスの取締役を数年間務め、一九八一年から二〇〇一年までネスレの取締役副会長を務める。才能ある若者を支援するフリッツ・ゲルバー財団の創設者であり名誉会長。音楽分野にも関わる。二〇〇六年までパウル・ザッハー財団の会長、二〇〇四年までルツェルン音楽祭の執行委員会委員。バーゼル大学哲学・自然科学名誉博士。

ゲルバーは喉頭炎を煩っていたため、インタビュー自体がキャンセルになるところだったが、本書の役に立ちたいと協力してくれた。話すうちに声が回復し、気分もよくなったと喜ばれた。

ゲルバーがブラベックに会ってまず最も印象深かったのは、マーケティング経験の豊かさと、さまざまな点で自分と異なる展望を持っていたことだ。二人は以来、抜群の協力関係を築いてきた。財務畑出身のゲルバーは、ブラベックからマーケティングについて学ぶことが多かったと率直に認める。突発事項がない限り、月例の会長諮問委員会で顔を合わせている。

ゲルバーは、マウハーとブラベックがどちらも手順にこだわらず、ストレートに問題に取り組めるところが素晴らしいと感じている。だから二〇〇〇年にブラベックがロシュの取締役を引き受けてくれたときは感激した。そこではゲルバーの後継者、フランツ・B・フーマーの足りないところを補いながら、新鮮な物の見方を提供していた。

ゲルバーは、ブラベックをビジョナリーだと言いつつも、世の中には地に足の着いていないビジョナリーが多いのでこの言葉はあまり使いたくない、とも言った。ブラベックには、そういうところは一切ない。ゲルバーに言わせると、ブラベックはよくいる「非現実的なことしか言わない上司」とは真逆で、常に野心的で現実的な目標を持つと同時に、将来に対する先見性と勘も優れている。また、知識が豊富で、社内の誰とでも気軽に、相手の調子に合わせて話ができる。ゲルバーは、その才能は稀だと強調する。

ゲルバーは、ネスレが「ウエルネス企業」というコンセプトを打ち出したとき、正しい方向性だが、先進国の企業はもっと早くから栄養を重視する姿勢を採用すべきだったと残念がる。

ネスレが人々の意識向上に大きく貢献していることは評価しつつも、利益相反もあると指摘する。例えば、ネスレは子ども用のお菓子を作っているが、それが子どもたちのためになっているかは不明だ。それでもネスレは、この相反を認識しながらも、研究開発に多額の投資をしている。健康的な栄養摂取とはどのようなものかという議論は、対照的な立場にある食品メーカーと医薬品メーカーがぶつかり合うと非常に興味深いものになりうる。

ゲルバーは、ブラベックが会長とCEOを兼務しようとしたときの激しい世論を今もよく覚えている。当時、兼務を支持したゲルバーも同様に非難を受けた。米国ではそのような兼務はよくあることだが、スイスでは議論が不要なまでに白熱し、手続きに手間取った。

企業は、自社の状況に最も適切なリーダーシップ構造を見つける必要がある。最も重要なのは、誰に、どのような責任を持たせるかだ。責任者が多すぎると、結局は誰も責任を負わなくなる。

ブラベックの趣味である登山、飛行、バイクについては、「彼は危険を冒すのが好きだが、幸いどう扱うべきかを知っている」といい、組織には、リスクを回避しようとするばかりではなく、リスクを管理できる人がいたほうがよいと述べた。

今では、ブラベックがスイス人でないことを気にするスイス人はいない。ブラベックは最終的にその人柄、印象深い外見と態度で人々の信頼を勝ち得た。登山や軍隊でブラベックと一緒になりたいスイス人は多いはずだ、と笑った。彼がどんなときでも頼れる相手だと知っているからだ。

アコンカグアでの最後のビバーク（2008）

オーストリア・ケルンテン州登山隊によるヒンドゥークシュ山脈遠征（1967）

スイスアルプスにて

トリアン氷河に上陸

“音の壁を破った男” チャック・イェーガー准将のサイン入り写真
「ピーター、P-51に同乗できて楽しかった」

出発前のF-18戦闘機に搭乗したブラベック

サルバドール・アジェンデ元大統領と現場で（1972）

チリでのマーケティング。「ククリナ・ショー」（1974）

ベネズエラのマーケットヘッド時代
(1983)

ヘルムート・マウハーからCEOの職を引き継ぐ
(1997)

Silvia Pfenniger

ライナー・グートと

ポール・ブルケ新CEOと (2008)

フリッツ・ゲルバー夫妻とピーター・ブラベック夫妻

Silvia Pfenniger

チューリッヒ伝統の春祭り「ゼクセロイテン」でウォルター B.キールホルツと

Silvia Pfenniger

ドリス・ロイタード元スイス連邦大統領とダボス会議にて

Silvia Pfenniger

パスカル・クシュパン元連邦参事会参事と

マエストロ、ワレリー・ゲルギエフとザルツブルクにて

ザルツブルク音楽祭にてヘルガ・ラーブル=
シュタッドラー総裁と

ヴォルフガング・シュッセル元オーストリア首相から勲章を授かる

エルネスト・セディージョ・ポンセ・デ・レオン元メキシコ大統領（1994-2000）と語り合う

ベネズエラに自ら建てた学校を訪問するピーター・ブラベック

CSVの例：メキシコでコーヒーの木を保護

CSVの例：インドでミルク生産地区を設置

CSVの例：韓国で栄養指導

ネスレCSV諮問委員会。（前列左から）クライシッド・トンティシリン、マイケル・ポーター（ハーバード・ビジネス・スクール教授）、ピーター・ブラベック、ヨアヒム・フォン・ブラウン、ベンカテシュ・マンナール。（後列左から）ポール・ブルケ、ロバート・ブラック、アーヴィング・ローゼンバーグ、ジェフリー D.サックス、ロバート・L・トンプソン、ジョン・エルキントン、ニールス・クリスチャンセン

World Economic Forum/swiss-image.ch

コフィー・アナン元国連事務総長（1997-2006）、2001年ノーベル平和賞受賞者

アミル・ドサル国連パートナーシップ事務局理事（左）とニューヨークで

2009年にニューヨークで開催されたCSVフォーラムにて

World Economic Forum/swiss-image.ch

アンゲラ・メルケル独首相、世界経済フォーラム創設者クラウス・シュワブとダボスにて

World Economic Forum/swiss-image.ch

温家宝前中国首相と対談

World Economic Forum/swiss-image.ch

クラウス・シュワブ、ハンス=ルドルフ・メルツ連邦参事会参事、ウラジーミル・プーチン露大統領とダボス会議にて

妻ベルナデッテとマエストロ、ゲルギエフ

3人の子ども、アンドレ、カロリーナ、ニコラス

ファニー、カロリーナ、ダフネ・ブラベック=レッツマット

子どもたち、妹ゲルダ・ピッチニーニと

ベルナデッテとピーター・ブラベック

孫のクララと

孫のレオと

第4章

頂上に立てば、遠くまで見渡せる

ブラベックの情熱、そして横顔

You can see further from the summit

成功とは、よい結果を繰り返すこと

ブラベックはネスレ代表取締役会長に就く一年前、オーストリアの生まれ故郷、ケルンテン州で成功というテーマで講演を行った。

「個人的な成功には、見た目と現実との間に大きな違いがあるものです。勝手な想像や興味によってその人の本当の姿は大きく歪められます。辞書を引くと、成功には二種類の意味が書かれています。一つは、権力、名声、富を得ること。もう一つは、成果。目的のある努力に対する満足のいく結果です。

私は、後者の意味が近いと感じます。もし私の目指すものが富だったら、私はネスレに商品を納める個人事業者になっていました。ネスレは原材料費をけちったりしませんので。そして名声が欲しかったら俳優か音楽家になっていたでしょうし、権力が欲しかったら、政治の道に進むべきだったでしょう」

ブラベックが定義する個人的な成功とは、よい結果の繰り返しだ。そこには、できることを正しく判断することと、それを手に入れる喜びが含まれるという。登山では、ペースをゆっくりと上げていくのが望ましい。最初はハイキングをしてゆったりと自然を楽しむ。それから小高い峰に向かい、視界が大きく開けたところで美しい眺望を楽しむ。ちょうど、彼が製品担当からマーケティングへとステップアップしたときのようだ。

また、ブラベックは登山教室での経験について話した。新しいことを学ぶという個人的な挑戦だ。軽い登山であれフリークライミングであれ、初めて経験する登山は、チリでの仕事経験と同じで、困難は多くとも、自分の人生の大きな糧になった。

登山家は、さらに高く困難な山を目指すため、それにつれて登山仲間の輪は小さく、努力は大きくなる。仕事ではチリの後、スペシャリストから本社部門へ異動という決定的な段階が訪れた。トルコのアララト山では、初の五〇〇〇メートル級の山で、初めて独りで頂上に立つ喜びを知った。そして標高三〇〇〇メートルにあるエクアドルの首都キトでは、CEOの孤独を初めて意識した。

ケルンテン州出身者による初めてのヒンドゥークシュ山脈遠征となった一九六七年のティリチミール登山では、死や惨事と向き合うことを学んだ。「そのような状況にあっても頭を上げ、どんなに暗い水平線にも探せばきっと見つかる光を頼りに進むしかないのです」とブラベックは力を込めていう。

その出来事を振り払い前に進むために、一時は登山をやめようとした。だがそうする代わりに、山との新しい関係を探った。威圧されるような尾根や、行く手を阻む岩棚、険しい氷原ばかりでなく、見晴らしのよい静かな風景の前に立ち、芳《かぐわ》しい山あいの草原に横たわり、頂で祈りを捧げ、遠い山小屋で人と出会うことも楽しめるようになった。

仕事ではエクアドルから気候の温暖なベネズエラへ移り、国有化に関する困難な交渉や複雑な政情の中で自分の社会的立場を確立するために、共感能力や順応性が求められた。

今、山は彼にとって「もはや挑戦相手ではなく、誠実な友であり、ますます減っていく娯楽時間を共に過ごす遊び相手」だ。その一方で、山は常にそこにいて警告を発している。自分を過剰評価しないように、物事を深刻に受け止めすぎないように。登りながら降りることを考えなければならないこと、登山は無事に下山して初めて成功したと言えることを。

ティリチミール登山での悲劇

一九六七年、ブラベックは、社会に出る前に、ヒマラヤのカラコルム山系にある七七〇〇メートルのティリチミール山の登山隊に参加した。登山仲間のハンス・トマサーがケルンテン隊を編成していた。この体験についての会話がゲオルク・バックラーの著書『ピーク・パフォーマンス――企業経営と極限登山における生死を分ける経験と成功の法則』（未訳）で紹介されている。

若者らは、パキスタンへ飛ぶ飛行機代がなかったため、フォルクスワーゲン製の中古バスを買い、必要最小限の装備を積んだ。遠征費用の予算は総額五〇〇〇ドル、そのほとんどが車代に消えた。ある企業から寄付された生地を母親たちが縫ってテントにし、ある個人事業者から全員分のパーカが提供された。

ティリチミールへ行く途中、登山隊は標高五一六五メートルのトルコ最高峰アララト山に登った。ブラベックにとっては初の五〇〇〇メートル超えだった。パキスタンに着くと、入山料が足りなかったが、高度五五〇〇メートルの谷に咲く花の写真を撮ることを許された。それまで誰もその谷に足を踏み入れた者はなかった。

登山隊は、一八人のポーターに伴われて山の麓のベースキャンプに戻った。ポーターたちが帰ると、彼らは頂上までつながった氷壁と岩を通って初のティリチミール登頂に挑んだ。ポーターがいなかったため、それは大変な困難を極めた。最初に荷物なしで登ってルートを確かめ、それから荷物を取りに戻り、再び登らねばならなかった。

結局、二人のメンバーは体調が悪化し、途中で引き返した。一人は歯痛、もう一人は高熱だった。残った三人も六七〇〇メートル地点で激しい雪のためにペースが落ち、食料が足りなくなった。もってもニ人分にしかならない。

そこでくじを引き、勝った二人が頂上を目指し、負けた一人は引き返すことになった。それがブラベックだった。そして、二人の友人に二度と会うことはなかった。その後何度もこの山に登り、彼らを探した。二年後に初めて、リュックサックが一つ見つかった。

山登りに対するあくなき情熱

「私は山で育った」とブラベックはいう。だから登山が好きなのも不思議ではない。両親によく山歩きに連れて行かれ、一〇歳の頃にはすでにロープに吊られていた。その後、友人のハンス・トマサーと共に、ユリアンアルプス（スロベニアのアルプス）へサイクリングに出かけ、出かけるたびに難易度を上げていった。

山に強く魅了されていたブラベックは、引かれるようにして南米アンデス山脈へ向かった。登山での生死を分けるような経験について聞かれると、ティリチミールは違うと言い張った。頂上を前にしてやめたのではなく、くじで負けたのだと。三人分の食料がなかったから引き返さざるを得なかったのだと。

しかし、リスクが高すぎたときは登頂を断念している。マッターホルン（四四七八メートル）では、四二〇〇メートル地点で吹雪に見舞われた。頂上間際で断念したためガイドに驚かれたが、ブラベックは危険すぎると判断した。一年後、マッターホルンに戻り、征服した。彼にとっては、登頂することよりも山を登るという経験のほうがはるかに重要なのだ。

ロールモデルとして誰に憧れているかと聞かれ、ブラベックは前任のマウハーと、ある登山家と、二人のオーケストラ指揮者の名を挙げた。マウハーは、その洞察力と、常に自分の意を決しているところが素晴らしいと思う。彼には自分の考えを売り込み、人を納得させる力がある。

二人目は、一九三四年生まれの英国人登山家クリスチャン・ジョン・ストーリー・ボニントン卿だ。ヒマラヤ一九回、そのうちエベレストに四回登頂している。南西壁初登攀に成功した。

ボニントンは、二〇世紀で最も多才なプロの登山家の一人だ。自らの体験について一五冊の本を書いている。一九九六年にナイトの称号を受け、二〇〇五年にランカスター大学の総長になった。ブラベックがボニントンを尊敬するのは、登山を経営者的な観点で捉えた、おそらく初めての人だからだ。彼は登山隊のメンバーをいくつかのグループに分け、それぞれに異なる任務を与えた。ベースでの重要な機能を果たすグループ、技術面を担当するグループ、そして極限登山者グループ。体力を温存するため、このグループにはできるだけ後ろに控えさせ、登頂での試練に備えさせた。

ブラベックはこのようなリーダーシップを興味深いと感じ、自分の発案で、二〇〇四年のダボス会議でクリス・ボニントンに登山の体験とリーダーシップのあり方について講演をしてもらうことにした。

ブラベックは彼の登山に対する画期的な考え方に感銘を受けた。それはまさにパラダイムシフトだった。ラインホルト・メスナーなどの有名な登山家はほとんどが単独行者だが、ボニントンは、個人の力から集団の力へと段階を上げ、登山をチームワークの賜物にした。

山登りに対する情熱の傍ら、ブラベックは若い頃から音楽も好きだった。祖父は作曲家であり、ベルリンオペラで歌うこともあった。ブラベックは指揮者になることを夢見たが、自分に才能がないと認めざるを得なかった。ピアノを習っていたが、それもやめてしまった。

企業家のような指揮者に学ぶ

ブラベックは、サンクトペテルブルクにあるマリインスキー劇場の指揮者、ワレリー・ゲルギエフの印象深い指揮も素晴らしいと思うが、「目を見張るほどの企業家センス」を特に素晴らしいと感じている。

ゲルギエフは一九五三年に生まれ、レニングラード音楽院で学んだ。一九七七年、ベルリンで開催されたヘルベルト・フォン・カラヤン国際指揮者コンクールで優勝し、ロシアに帰国する途中でマリインスキー劇場のユーリ・テミルカーノフの助手になり、そこでプロコフィエフの「戦争と平和」を指揮してデビューを果たした。一九八八年、同劇場の芸術監督に就任し、一九九六年から総裁を務めている。

ゲルギエフは、当初からマリインスキー劇場を「世界一のカンパニー」にすることを目標にしていた。ブラベックは、ゲルギエフが自ら率先して資金を集め、記録的な速さで劇場の建て直しを果たしたことに感銘を受けた。彼は世界中の知人から資金を募り、最終的にモスクワ政府に劇場への投資を約束させた。

ブラベックがロールモデルとして名前を挙げた二人目の指揮者は、クラウディオ・アバドだ。ネスレは、古くからルツェルン音楽祭のメインスポンサーを務めている。開催責任者のミヒャエル・ヘフリガーとクラウディオ・アバドが共同で国際ルツェルン祝祭管弦楽団の創設を提案すると、ブラベックはその立ち上げスポンサーになることに同意した。

同オーケストラは、毎年、世界最高峰のソリストたちが二週間だけルツェルンに集結して結成される。クラウディオ・アバドの監督の下、二〇〇三年から毎夏ルツェルン音楽祭で三回のコンサートが開かれる。ブラベックは、「世界で最も優れた演奏の一つ」と絶賛する。ルツェルン祝祭管弦楽団は世界ツアーも行い、これまでに東京、ニューヨーク、ウィーン、ローマで演奏している。

ブラベックは、会社の重役に、オーケストラと上級管理職の共通点を知ってもらうために、CEO就任間もなくの会議で異色のことを行った。モントルーに交響楽団を呼び、ネスレの役員を楽団員の横に座らせ、オーケストラがどのように機能するかや、指揮者がいかに重要かを体験させたのだ。

指揮者は、演奏される音楽がどう聴こえるべきかについて、迷いのない明確な考えを持っている。彼はチームの全員を必要としている。ボスの役目は、方向を示すことと、チームのメンバーを助けることだ。並外れたソリストがいようと、グループが成功するには指揮者が必要だ。ブラベックは、最高のソリスト集団であっても、全員が同じ目標に向かって努力しなければ、世界クラスのオーケストラにはなれない、それには指揮者とオーケストラの両サイドの高度な規律が求められることを示したかったのだ。オーケストラに自由な感覚を与えるにはそれしかない、とブラベックはいう。

スイス人よりもスイス人らしい、オーストリア人

ブラベックは、二〇〇八年一二月と二〇〇九年の一二月の二度にわたってビジネス誌『ビランツ』が選ぶ「スイスで最も力のあるビジネスリーダー」に選ばれたが、その栄誉にあまり興味を示さなかった。「力は私にとって何かを成し遂げるための道具でしかありません。その意味ではもちろん重要です。力のない人の理念や信念は笑われるだけですから」

『ビランツ』の選者たちは、業界での彼の力と政治や社会における力の両方を評価した。ところがブラベックは、会社に関係するところにしか自分には力がないと考えている。広い意味では自分の力は通用しない、政治家ではないからスイスの社会に影響を与えていないという。

「たしかにネスレは海外で尊敬されていますし、各国の政府や役人と近しい関係を維持していま

す。しかし政治的な力はないでしょう。私たちもそれを目指していません。一番よい意味で中立です。私たちのお客様は政府ではなく、一般消費者ですから。

ネスレがある国に投資するときに、政治家に望むことが三つあります。第一に、ネスレがその会社を所有できるか、少なくとも支配株主になれること、第二に、ネスレの知的財産権つまり特許や商標やノウハウが尊重されること、そして第三に、ネスレが会社の事業運営をできることです。私は意見を求められることはありますが、それだから力があることにはなりません」

それでもブラベックは、現在世界で最も耳を傾けるべきビジネスリーダーの一人に挙げられている。彼は、その業績によって数々の賞を受けている。最近では、CNBCテレビから二〇〇九年欧州ビジネスリーダー賞（EBLA）を受賞した。

頂上までは遠い道のりだったが、到達できるかどうか疑問に思ったことは一度もなかった。山でも仕事でも、である。途中の道のりのほうがはるかに重要だと気づいたからだ。その意味で自分のルーツを忘れたことはなかった。

ブラベックは第二次世界大戦が終わる半年前の一九四四年一一月一三日に、ケルンテン州フィラッハで生まれた。戦後、建築組合「ハイマート」がフィラッハで手掛けた最初の集合住宅地区、いわゆる「X線区画」の中のオシアッハー通り六〇番地で幼少時代のほとんどを過ごした。アパートは比較的狭かったが、風呂付きで、石炭の暖房設備があった。そこでの生活はとても幸せだったという。

二〇〇八年に卒業後四六年目に行われた同窓会は、母親や近しい友人たちと会うために年に一、二回フィラッハに帰っていると語った。地元とのつながりを維持しているのだ。生まれ故郷を裏切ったことはなく、スイスやその他の国のパスポートを提供されても、オーストリア市民権を捨てたことはない。オーストリアの発展に貢献できたことを誇りに思い、そこで得た優れた教育、価値観、文化に感謝している。

スイスでは、今でもお客さんのように感じるが、この国を敬愛している。地元の登山クラブ、自分で始めた村民スキー愛好会、そして地域の飛行協会の会員になっている。彼をオーストリア人だと知らない人は、スイス人よりもスイス人らしいと思っている。ブラベックは、何よりもスイスの国際色豊かなところが気に入っている。ネスレのヴェヴェー本社には八〇の異なる国籍を持つ社員が働いており、彼は日々、外国人に対するスイス人の寛容さを目にしている。

政治的に正しいことよりも、自分の考えのほうが重要

「人の意識の高さはその社会的存在によって決まる」

この言葉は、カール・マルクスの弁証法的唯物論の核となる考えだが、ブラベックにも当てはめることができる。それは彼がマルクス主義者だということではなく、ビジネス、政治、社会に

おける立場や周囲の人々、話す相手、手にした情報などの影響により、多くの政治家やビジネスリーダーとは異なる視点から物事を見ているという意味だ。たしかに頂上に立てば、遠くまで見渡すことができる。もっとも、見たものを正しく解釈できることが前提である。

グローバル化は長い間、社会の平和に対する脅威として否定的に語られてきた。ブラベックがネスレのCEOに就任する一年前の一九九六年に『グローバル化の罠——グローバリゼーションと繁栄・民主主義への攻撃』（未訳）という書籍がドイツで出版され、認識を変える画期的な本としてメディアに絶賛された。

ブラベックは、二〇〇四年と二〇〇八年の『シュヴァイツァー・モナーツヘフテ』誌に掲載された二つの記事で、グローバル化にはまったく違う見方ができることを示した。一九二一年に創刊され、批評的な議論・勇気あるライター・辛口意見・主体的な読者を売りにするこのリベラル誌は、ブラベックにとってうってつけのメディアだった。

彼の二〇〇四年の記事には「グローバル化——誤解と現実」という見出しが掲げられ、このように書かれている。

グローバル化ほど誤解を招き、ときには事実や経過が意図的にねじ曲げられたテーマはない。途上国がますます貧困化しているとか、製品や企業が均一化され、コントロールできなくなっているという話を聞く。

問題はたしかにある。グローバル化ほどの大きな変化に適応するにはそれなりの犠牲が伴うものだ。期待値を少し下げざるを得なかった人もいただろう。だがどう見ても、全体的にはグローバル化はプラスに働いている。三つの点がそれを表している。

第一に、工業国は豊かになっている。それと同時に、かつて以上に途上国の人々が貧困から脱する可能性がある。(中略)一九八〇年まで絶対的貧困者の数は一定して増え続けていた。ところが一九八〇年にグローバル化の最新の段階に入ってからは、史上最高記録の人口増加を経験している同じ時期に、その数は明らかに減少している。人はいったん貧困から脱すれば、もうじっとしてはいない。(後略)

我々は、グローバル化の好影響が迅速かつ目に見えて実感できるような状態を作る必要がある。例えば、工業国における農業の自由化や助成金のさらなる削減だが、途上国間の貿易障壁を引き下げることも必要だ。

第二に、商品の選択肢が増えている。一〇〇年前、労働者が買い物に行く地元の店の取扱商品は二〇〇から三〇〇点だった。今のスーパーには六万点以上あり、世界中のあらゆる種類の商品が手に入る。(中略)「ネスカフェ」は世界中で一〇〇種類の製品が販売されている。

第三に、企業はこれまでにないほど厳しくコントロールされている。グローバル化は、まず競争のグローバル化を意味する。マーケットは国境を越え、それまでほとんど競争がなかった地域にも広がっている。(中略)競争の圧力はますます強まっている。知識や核となる人材についても同様だ。（中略）ここ数年で経験していることだが、グローバルマーケットは失敗を未然に防いでくれない。規則によっても防ぐことができない。失敗すれば容赦なく厳しく罰せられ、それはグローバル化のおかげで企業の規模とは無関係に起こる。毎年『フォーチュン』誌が米トップ五〇〇社を発表しているが、一九六〇年のリストからその後を追っていくと、二〇年後には三分の一が消えている。一九九八年には、たった四年で同じだけ消えている。

競争が激化したといってもそれは後戻りする理由にはならない。今日、グローバル化を推し進めているのは、自国民に機会を与えようとしている途上国や新興国なのだから、後戻りなどできるはずがない。

二〇〇八年のブラベックの記事は、「グローバル化が多様性を生み出す理由」と題されている。

一般的に、ローカルは良くてグローバル化は悪いと考えられている。だが、グローバルとローカルは、互いを排除するものではなく、むしろ相互を豊かにするものだと私は信じている。（中略）それに応じて、現在のグローバル市場における食品やその他の無数の商品のトレンドは、標準化ではなく、さらなる多様化に向かっている。（中略）グローバル化よりもローカルな変化が人々に深刻な不自由をもたらしている。（中略）競争の多様性は、市場での多様性の増加と一致している。

グローバル化は、広い意味で文化も豊かにする。いくつか例を挙げよう。

J・S・バッハは七五年の生涯をライプツィヒ、リューネブルク、ケーテンで過ごした。この三カ所を結ぶ三角形の一辺の長さはたった二五〇キロメートル。彼の音楽は、一見、純粋なゲルマン民族の文化に属しているように思えるかもしれないが、実際には同時代のフランスとイタリアの音楽家に多大な影響を受けている。

初期のクロード・モネは、異なる季節や光の下で積み藁を描いた。フランス国内ではまったく注目されなかったが、米国人が夢中になって彼の作品を買い集めた。世界へ通じる道、つまり異国人の新しい物の見方がなかったら、モネの人生はまったく違う方向に進んでいたかもしれない。

アフリカ音楽を見ると、アフリカに影響を受けたラテンアメリカ音楽がかたちを変えてアフリカ大陸に戻っている。マリ出身のバラ・トゥンカラをはじめとする音楽家は、ラテンアメリカにインスパイアされた音楽を一二弦のコラなどアフリカの楽器を使い演奏している。

工業製品についても同じことが言えるだろうか。営利企業の圧力によって、世界中の人々が、標準化された六オンス(一七〇・一グラム)のハンバーガーしか食べなくなるのだろうか。

英国の消費者調査によれば、ローカルな食事を好む人が四二%、新しいものを試したい人が六二%いた。(後略)二つの数字を足すと一〇〇%を超えており、ローカルな食事への欲求とグローバル環境がもたらす新しいアイデアへの欲求は排他的なものではないことがわかる。欧州以外の地域では、伝統と新しいものが驚くほど混在している。中国では、同じ質問に対し、ローカルを好む人が七四％、新しいものが五一％、インドではそれぞれ七九％と五六％だった。

新しく導入された食品は、通常、非常に短期間でローカルの嗜好に合わせて作り換えられる。ピザを例に取ると、ネスレは「ブイトーニ」ブランドで、イタリア本場のレシピで作った定番ピザ「ベッラ・ナポリ」を製造しており、欧州内外で販売している。本国以外でピザというものが定着すると、レシピは変わってくる。フランスではチョリソとエメンタールチーズを使った「ピッツァ・ブイトーニ」の「フォア・ピエール」、ドイツではみずみずしいパイナップルを載せた「ピッツァ・ハワイ」、米国では鶏とローストガーリックのピザといったように。

レシピがオリジナルからかけ離れすぎたとき（例えばエビ、ミックススパイス、ローストガーリック、三種のチーズ）には、米国の派生会社ストウファーから味にこだわった商品（フラットブレッドと呼んでいる）として販売している。（後略）

ここで最も重要なことは、世界各国の平均を取ったような一つの味に還元しないことだ。消費者が見て食べて感じることはすべてローカルであることが基本原則だ。その他のことはリージョナルでもグローバルでも、何が最も効率的かによって決めればよい。（後略）

各国の国内に見られる強力な起業家精神は、地域社会の文脈の中で事業を運営していこうとする意欲と能力に通じる。企業の役割とは、価値創造にある。我々は進出している村、都市、国のどの重要な社会集団もこの価値創造に参加できるようにしている。(後略)

我々は市場の現実に対する答えを見つけた。その答えは、今後もずっと変わらないだろう。つまり、グローバルとローカルは相互を排除するような正反対のものではなく、互いを豊かにし、相互作用を促す相互補完の関係にある。

ブラベックは、この二つの記事で、意図的に抑えたトーンで一触即発なテーマを論じている。彼は、世界情勢を欧州中心の視点で捉えることは、もはや現状にそぐわないと断言している。ローカルな出来事や変化は、グローバルな文脈において捉えなければ何の基準にもならない。自分の過去をバラ色の眼鏡を通して見ながら、それまでと「変わり映えしない」生活を送ればよいと考える人が多すぎる。現状を当たり前に考え、変化し続けることの必要性に目をつむることに慣れ切っている。

ステレオタイプな考え方や偏見は、現実世界や必要な変化を見えなくする。世界の人口が増加し、実際には若年化していることは、市民が高齢化し、潜在的に移民が増える恐れのある欧州では認識されていない。助成金を削減する必要を誰も感じていない。今でも経済上切実な必需品だと考えられている。

国が制御する力を失った今、グローバルに事業を展開する多国籍企業を誰も制御できない、と工業国の国民の多くが固く信じている。この文脈において、競争が果たす役割はすっかり無視されている。ブラベックは、市場はたしかに機会や自由を提供しているけれども、それと同時に、厳しく揺るぎない制御ツールでもあることを説明している。

それだけでなく、グローバル化は文化の領域でも発展を促す機会になる。そして、偏見や間違った思い込みに基づいて存在の保証を求めるのは間違っている。ブラベックが明白な例で証明しているように、グローバル化は強制的な同化ではなく多様性を意味する。世界のどこでどのように新たな価値が生まれるかを知ろうとするならば、従来の思考パターンを捨てることが重要だ。

健康、幸福、生活満足度の時代へ

二〇〇八年五月、ブラベックは、ベルリンで国際商業会議所（ＩＣＣ）のドイツ委員会に向けて行った講演で、現在もあまり知られていないある見解を述べた。講演のタイトルは「ウエルビーイングの経済——企業及び経済政策における潜在的意味」だった。

彼は冒頭から、包括的な分析も決定的な答えも提供できないこと、あるアプローチを試みようとしているだけで、その論拠として意図的に誇張している部分もあることを断った。その考えはまだかたちを成していないとはいえ、そこには将来のビジネスにとってますます重要性を増すだろう構想が含まれている。

ブラベックは、ネスレの栄養・健康・ウエルネス企業への戦略的転換が実際の数字上の成果につながっていることを知り、経営者としてだけでなく経済政策という観点からもウエルビーイング（身体的・精神的及び社会的に良好な状態）という概念に対する興味が深まった。

例えば、国の会計手法を一人当たり国民総生産（ＧＮＰ）からウエルビーイング・幸福度の総合指数に変えようとする動きが進められている。多くの経済学者がウエルビーイングと健康を将来の最大の成長要因と見ており、ウエルビーイング、幸福、生活満足度を経済政策目標として定義する取り組みもある。

その一つがブータンのジグミ・シンゲ・ワンチュク前国王の取り組みだ。一九七二年、国家経済の成長率低迷に対する批判を受けた前国王は、「国民総生産」ではなく「国民総幸福量（ＧＮＨ）」を指標とするよう命じた。ブラベックによれば、以来この考え方を、ポスト自由市場経済理論を掲げる各左派環境団体が採用し、企業の社会的姿勢を抜本的に変えようと活動している。

経済協力開発機構（ＯＥＣＤ）でさえ、ＧＮＰに代わる指標として人間の幸福度を測る新たな尺度を見つけようとしている。ドイツ銀行は、ドイツ国民の生活満足度を高める要因を調査している。他者への信頼、健康、高収入、高雇用水準、家族、子どもといった定量的・定性的要因はすべて重要な役割を担っていることがわかっている。この観点で見ると、ベルリンやフランクフルトやミュンヘンではなく、ドナウ＝イラーやウルムのような場所がこのリストの上位にくる。

加えて、ウエルビーイングと経済における効率性と成長に対する将来的影響を考察した理論もある。いわゆる「コンドラチェフの波」（景気循環の一種で長期波動とも呼ばれる約五〇年周期の景気サイクル）を支持する理論家、レオ・ネフィオドフはそうした理論の一つを提唱している。現在も続いている最新の波はＩＴの波であり、彼はこの次に来る波は、技術革新や社会改革を利用して人々の身体的・精神的幸福を向上させるものだと予測している。ブラベックは言う。

「こうした波をどう解釈するかは別として、基本的な考え方は興味深いものです。私たちはもはや、技術の進歩に蒸気機関（パワーやスピード）に相当するものを求めていないのです。人間の幸福をより理解し、育てることがますます重要になっています」

ブラベックは、ウエルビーイングというテーマについて広い視野を与えてくれた、ある論考を引用している。彼は、スイス連邦工科大学ローザンヌ校の神経科学学者オラフ・ブランケから、総合的なウエルビーイング（幸福、満足も含まれる）を脳内で測定し、それに影響を与える方法を研究する神経科学者が増えていることを知った。焦点はもはや弱点の克服ではなく、プラス面の促進や強化だ。まるでオルダス・ハクスリーの『すばらしい新世界』のようだと思う人も多いだろう。ブラベックは、個人の自由と意思決定が今以上に重要な意味を持つと確信している。

フィリップスの研究開発責任者であったゴットフリート・デュティネは、衣服に埋め込まれたセンサーを使って人体機能に関する情報をどのように記録・分析できるかを研究した。心臓発作の警告や、衣服を暖めることによる健康・幸福の増進など、「スマート繊維」の可能性は無限だ。

国際食糧政策研究所（ＩＦＰＲＩ）のヨアヒム・フォン・ブラウンは、先進国における幸福は、途上国の人々の生活が向上して初めて成就する、なぜなら真の持続的な幸福は、不幸と隣り合わせでは存在できないからだという。

シンガポールの社会科学者キショール・マブバニも、社会的な文脈を関連づけている。市民が自国、というより自国の技術に誇りを感じる（中国は宇宙への第一歩を踏み出した、など）と幸福感が得られる。その反対は、国に対する不満だ。地下経済は、この不満を測る一つの尺度だ。ドイツでは、ＧＮＰの一七％から二〇％の間だと推定されている。労働力人口の半分が地下経済と何らかの方法で関与している可能性がある。

玩具会社を経営するアラン・ハッセンフェルド（ハズブロの前会長兼ＣＥＯ）は、自分にとってコミュニティの経験、遊び心に満ちた人々との関係、誰かに属しているという感覚、家族の一員になることは、非常に重要な意味を持つと述べている。反対に、孤立はまったく幸福感を生まない。

ブラベックの講演はここでネスレ製品を関連づけた。ネスレのほとんどの製品は、原材料、マーケティング手法とともに一般的な消費を意図している。ネスレのカンパニーロゴの鳥の巣は、家族と他者への思いやりを象徴している。「私たちは一四〇〇年前に作られたものを礎に発展し、その持続的価値を証明してきました」

バーゼル大学のアロイス・シュトゥッツァー教授は、研究の結論として、消費者のニーズは、単なる製品の用途以上にあると述べている。消費者は、商品の後ろにどんな人がいるのかを知りたいし、消費者を正当に扱ってほしいと思っている。ネスレにとってそれは、市場次第で価格を変えられないことを意味する。ネスレは、ここ一年半の原材料コスト高を価格に転嫁することができたが、それはほとんどのケースで、値上げに伴い製品改良を行っていたからだった。

企業がリストラを行うときには、金銭的な補償を行うだけでなく、それを公正に行う必要があるとブラベックはいう。最近では、ネスレのようなブランドは単なるステータスシンボルではなく、社会的責任の象徴でもあるのだ。

彼は次の見解を述べて講演を終えた。

「ウエルビーイングという概念を体系的かつ包括的に実施すれば、社会における企業の立場は変わります。私たちは基本的なトレンドを理解するよう努め、政治的に正しいことを声高に叫ぶ人々の声に振り回されないようにしなくてはなりません」

企業は先頭に立って変化を起こすべし

ブラベックは、未来が現状をそのまま投影したものであってはならず、新しいアイデアや発見によって創り出されるべきだと考えている。まだはっきりとではないが社会的変化が現われ始めており、その輪郭はウエルビーイングを構成するさまざまな側面に垣間見える。

さらに、企業にはそのような変化を生み出す重要な役割があるという。この基本的な物の見方は、一九九七年から二〇〇六年まで一年半ごとにネスレの全社員に向けて書いた「青写真（ブループリント）」の中でも明らかだ。現状の率直な分析や突拍子もない要求だけでなく、彼らしい感情に訴える見せ方で多くの社員を驚かせた。

ブループリントは、優位性と障害とを正確に網羅し、どうすれば目標に到達できるか、その方法を示している。最後のバージョンは次の言葉で締めくくられていた。

「恐れることはありません。凧は風に乗ってではなく、常に風に逆らって揚がり、それでいてその位置から動きません。私たちは、風より先を進む帆船に似ています。正しい決断を下し、失敗なく実行すれば、どれほど遠い目的地にもたどり着くことができます。私たちの心の目は正しい方向を見ており、あとはそのゴールに到達する決心をするだけです」

ブラベックは、何に対しても自分の意見を持ち、それを素直に述べているという。数年前のダボス会議では、農業に関する補助金について、欧州の雌牛は全頭ルフトハンザのファーストクラスで世界旅行し、二頭はただで雄牛を同行させる権利を与えられていると批判した。

この発言は世間の大反響を呼び、声をかけられることも多かったという。その後、欧州委員会委員のフランツ・フィシュラーに、農業に関する補助金の必要性を理解していない、と面と向かって反論された。ブラベックは、それは認識しているが、貿易を歪めるような補助金の導入を防ごうとしているのだと答えた。二人はこの点で合意し一歩前進することができたが、この会話もブラベックがファーストクラスに乗る牛の話をしなければ発生しなかった。

他にも、挑発的だが重要な発言をしてさまざまな議論を引き起こしてきた。「遺伝子組み換え食品で死んだ人はいないが、バイオ製品ではいる」「洗車や洗濯機、芝生、ゴルフ場に使用する水は人権ではない」などである。

自分と異なる意見にも寛容だ。例えば、栄養とグローバル化のテーマを批判的な観点で取り上げた映画『ありあまるごちそう』がある。鶏舎のおぞましい実態や廃棄されるパン、ブラジル農家の貧困などショッキングな映像が流れる。その中で突然スクリーンに、廃墟と化した複数の工場の写真の前に立つブラベックが現れ、「何も問題はない、これまで以上にうまくいっている」と語るのだ。

だが、自分が映画の中でどのように描かれているかは気にならないというから驚く。話したことを撤回する気はない。映画の製作者が自分の発言をあのような挑戦的な方法で使うのは、製作者の権利だ。なぜならその映画が売れなければ困るからだ。

「製作者がどのように私の言葉を使おうとしているのかを知っていたら、融和的な言葉を若干加えていたでしょうね」

最良の情報は現地にある

ブラベックは、メディアに対して厳しい。特に中南米に関して、欧州メディアの政治的解釈が現実から乖離していることに、いつも不快な思いをさせられている。メディアへの猜疑心が高じてテレビのニュースを見なくなった。間違った印象や情報を植えつけられたくないからだ。求めているのは、最新の現状分析と客観的要約だ。

そこで、良質の新聞数紙だけに目を通し、時間をかけて行間を読む。『ノイエチュルヒャーツァイトゥンク』『フィナンシャル・タイムズ』『ウォール・ストリート・ジャーナル』の三紙だ。できる限り生の現場を見て自分で物事の大局をつかむため、これまでもジンバブエやパキスタンなどを訪問してきた。中国の工場を訪れたり、国際ジャーナリスト、シンクタンクやNGOの代表者など、独自の視点で世界の現状を見ている専門家との朝食会を行ったりしている。そうした経験のほうが興味深いと感じている。

チャンスがある限り幅広い人々と話すのがベストだとブラベックはいう。「一度間違った印象を受けると、それを拭い去るのが難しい場合があることを経験で学びました」。強力なイメージに感情を動かされ、それによってもっと広い、目に見えない意味に気づけなくなることがある。

決断を下すとき、感情だけに頼ることはできない。

彼は一例として、ジョージ・W・ブッシュ前大統領の「悪の枢軸」という言葉を挙げている。テロリズムに関係しているとする国を表す政治的なキャッチフレーズだ。そうした国々はその後疎外された。ネスレは違う見方をしているとブラベックは強調する。米国人がそう考えるからといって手をこまねいているわけにはいかず、シリアに工場を建設した。シリアは今では、ネスレにとって最も急成長している市場の一つだ。

イランにも三つの工場を建設した。海外企業に対する政治運動の一つとして、怒った群衆に襲撃されたが、イラン政府はネスレをバックアップしていたとブラベックはいう。

その後、北朝鮮ネスレが設立された。北朝鮮には、すでに中国から多くのネスレ製品が輸入されていた。現地に社員を派遣すると、製品は確かに売られていたが、賞味期限が記載されていないなど、品質管理がなされていなかった。ネスレは第一歩として、まず品質管理を実施した。

与えられた仕事を楽しめば、人より少しいい仕事ができる

ブラベックは、公には仕事や情熱、登山で知られている。プライベートではそれ以外にわざわざ言うほどのことはしていないというが、快く答えてくれる質問から人となりを探ってみよう。

何かを得たら、必ず何かを返さなければいけないと彼は考えている。「犠牲を払う」ことを求めることはない。南米からヴェヴェー本社に戻った後、再びベネズエラへの赴任が決まったときに妻ベルナデッテと離婚した。ベルナデッテは三人の子どもと共にスイスに残ったが、ブラベックの五〇歳の誕生日に復縁した。

現在、息子の一人は英国のロシュのCFO、もう一人はフィンランドのコカ・コーラのCEOを務めている。娘のカロリーナはデザイナーになり、ヴェヴェーの近くに住んでいるため、少なくとも孫の一人とは定期的に会うことができている。家族と過ごす時間の長さより質が大切だと考えている。毎年全員で集まり、一週間スキーをして過ごしている。

そのため、二〇〇七年に彼がラ・トゥール＝ド＝ペ（ヴェヴェー近くのジュネーヴ湖畔）から、すでに別荘のあったヴェルビエに引っ越したのも驚くことではないだろう。現在はそこで大きなシャレーに住んでいる。ヴェルビエは、特にウィンタースポーツが盛んな三〇〇平方キロメートルのリゾート地だ。

ブラベックは、税金逃れのために引っ越したと報道されたことに怒っているが、その反論には納得がいく。それが目的ならば、スイスにはもっとよい引っ越し先がある。金のためなら何でもする人がいるようだ。また二〇〇五年には、お金のために会長とCEOを兼務したがっていると噂されたこともあった。彼自身は、二〇〇七年の所得一七四〇万スイスフラン（当時のレートで約一七億円）は妥当だと考えている。ネスレ入社当初の給与は、一五〇〇スイスフラン（一三万円前後）にすぎなかった。

ＣＥＯ時代、ネスレの時価総額を五五〇億スイスフランから現在の二二〇〇億スイスフランに増加させ、ネスレの株主に一六五〇億スイスフラン儲けさせた。二〇〇八年、ブルケＣＥＯの報酬が八〇〇万スイスフランのときに、なぜ一四〇〇万スイスフランの報酬を受け取り続けたのかという質問にも忍耐強く答えている。二〇〇八年五月一日までブラベックは会長とＣＥＯを兼務しており、ブルケはまだゼネラルマネジャーだった。二〇〇九年からは、ブルケのＣＥＯとしての報酬は当然、取締役会長の職だけを務めるブラベックよりも高くなった。

ブラベックは、自分を批判する意見にも一つだけ賛同することがあるという。取締役の報酬は株主総会での承認を受けるべきだとする意見だ。二〇〇九年九月四日には、不当で行き過ぎた規制は企業の拠点としてのスイスの魅力を危うくすると指摘してメディアの波紋を呼んだ。

彼は、スイスの会社法改正案に関して、改正によって取締役の役割が弱められることを最も懸念していた。国として取締役の報酬を制限する方針は、スピーチではなく『ゾンターク』紙とのインタビューで最初に述べられ、ブラベックはそこで役員賞与などに関する人気取りのような法律だと警告を発した。

世論が落ち着くと、スイスの有力な政治家たちは、度を越した法律は不要だとする彼の意見に賛成した。「ブラベックが法的な保証や存続を擁護し、不公正で行き過ぎた法律を攻撃するときは、自分の懐を守っているだけだ」という非難はまた消えてなくなった。

彼が金銭を第一に考えたことは一度もない。自分は野心家ではないという。何かを成し遂げるのは楽しいと思う。だがそれは別の話だ。物事を創り出したり変えたりすることは好きだ。ネスレを食品メーカーから栄養・健康・ウエルネスの先駆的企業に生まれ変わらせたように。自分のキャリアについて、くよくよ考えたことがないのもそのためだ。目の前の仕事にただ専念してきた。「与えられた仕事を楽しめば、人より少しいい仕事ができるものです」

そう言って、彼はお気に入りのテーマに戻ってきた。「私はクリエイターでありたいと思っています。未来の予言者ではなく、未来の創造者です。だから地球の水不足といった大きな問題に関わっているのです」

彼の私生活について他に何が語れるだろうか。彼の妻の趣味は、ハーレーダヴィッドソンに乗ること。ブラベックも乗り始めている。彼女は熱心なカーレーサーでもある。上品そうなおばあさんがレーシングカーに乗り込み、轟音と共に飛び出すと、レース場にセンセーションが沸き起こる。ブラベックは、自分も熱心な氷河パイロットだとぽろっと打ち明けた。

こうした危険な趣味とは別に、美食家でもあるという。六種類のミネラルウォーターをブラインドテイスティングしてすべて正しく当てたこともあった。食べることは究極の社会的経験だとして非常に重視している。自らネスレ製品をよく食べる。おいしいエスプレッソとダークチョコレートの朝食に始まり、社員食堂で昼食を食べ、夕食は「マギー」や「ブイトーニ」製品を使って料理するのが彼の趣味だが、その時間が残念ながらあまりない。

人と会うのは大好きだが、大きな社交イベントとなると別だ。付き合いのある友人のほとんどは、登山家や山小屋の主人、バイク仲間など普通の人々だという。以前、シミラウン・クラブに誘われたが会員にならなかった。このクラブの名前は、チロル州のエッツ渓谷を囲むアルプス山脈にある三六〇六メートルのシミラウン山から取り、ラインホルト・メスナー率いる著名人を会員として擁している。その中には、ハーバート・ヘンツラー（ドイツのマッキンゼーの元トップ）、ユルゲン・シュレンプ（ダイムラー・クライスラー前社長）、ユルゲン・ウェバー（ルフトハンザ会長兼CEO）、ヴォルフガング・ライツレ（リンデCEO）、出版社オーナーでCEOのフーベルト・ブルダ、クラウス・ツムヴィンケル（ドイツポスト前CEO）などがおり、一緒に登山をしている。しかし、ブラベックは登山家としてメスナーをあまり好きではないのだ。

経済界や政界の要人に会いたいときには、欧州産業円卓会議（ERT）と、もちろん世界の最も重要な企業一〇〇〇社の代表が集結する世界経済フォーラムで会う。「私のコンタクトはそこにあります」

column

本当に勇気のある人

――ザルツブルク音楽祭元総裁 ヘルガ・ラーブル＝シュタットラーに聞く

ヘルガ・ラーブル＝シュタットラー。一九四八年生まれ。ザルツブルクで法学、ジャーナリズム、政治学を学び、法学博士号を取得したのち、オーストリアの新聞『ディー・プレッセ』『ヴォッヘンプレッセ』『クリエール』で経済と国内情勢を扱う記者として働く。一九八三年から二〇〇七年までザルツブルクのファッションブティック、レスマンの共同オーナー。

一九八三年から一九九〇年まで、そして一九九四年一一月に再びオーストリア国民党代表議員、一九九一年から一九九五年まで同政党の副連邦議長を務める。一九八五年にザルツブルク商工会議所の副会頭、一九八八年に会頭に任命される。

一九九五年一月二六日、ザルツブルク音楽祭の総裁になり、政治ポストから引退する。二〇〇四年、契約が二〇一四年まで延長される。

――あなたがインタビュー相手になぜ選ばれたか、おわかりですね。

「ブラベックさんは、思ったことを率直に話す人が好きなのです。彼自身いつも的確な言葉を探しています。そういう意味で、有意義な会話が何度かできたのでしょう。初めてお会いしたのは、一九九五年、ネスレのマウハー前会長を通じてでした。ブラベックさんはまるで映画スターのようですから、女性は一目見たら忘れません。

すぐに意気投合し、時とともに親しい友人になりました。ザルツブルク音楽祭の総裁というありがたい立場にいると、仕事といってもまるで趣味のようです。もちろんスポンサーの理解を得るために、いつ何を話すべきかを考えるのは結構大変です。ブラベック氏は特に難しい人ですし、今もそうです。自信のないことはすぐに見抜かれて、容赦ない質問が飛んできます。そうなるといくら丁重に取り繕ってもだめなのです。

ブラベック氏にはスポンサーをする価値とは何かをいつも聞かれていました。これまで続けてきたという理由だけで続けたくないのです。習慣化されたものに今も値打ちがあるのかどうか常に問うその姿勢は、ビジネスにとって非常に大事だと思います。

オーストリアの有名な作曲家グスタフ・マーラーも『伝統とは火を守ることであって、灰を崇拝するものではない』と言っています。マーラーにとってもブラベックにとっても、伝統は死んでしまったものを保存することではなく、人に引き継ぎたいものなのです。会社の歴史において、成功のしるしは火であり、単に同じことを繰り返すことではないのです。

もう一つブラベックさんに当てはまる格言があります。ジュゼッペ・トマージ・ディ・ランペドゥーサの有名な小説『山猫』からの一節です。『すべてを同じに保つためには、すべてを変えなければならない』『変化をつかむことがトップにとどまる唯一の方法』。まさに彼そのもので、とてもオーストリア人らしからぬ姿勢です。オーストリア人は、変化を運命によって与えられた不条理な試練と見なし、変化だけが改善への扉を開くということに思い至らない。改悪の可能性もあるかもしれませんが、クリエイティブな人間としては、変化は改善につながると信じたいですね。

カール・エイメリーの言葉、『リスクは成功の船首波』も挙げておきたい。リスクなしでは何も成し遂げることはできません。ブラベックさんは公私においてその鑑です。厳しいスポーツマンであることも彼らしいと思います。強くなるために危険を求めているのです」

――あなたのブラベック像は、これまでインタビューした方の中で一番率直かもしれません。細部には触れたがらない人が多いようです。

「最初に申し上げますが、私はあまり慎重なほうではありません。これまでの人生ではそれがよいほうに働いてきました。ですが、インタビューされた方のほとんど、少なくとも私の知っている人たちは皆、何らかの意味で彼をライバル視していることを忘れてはいけません。商売上ではなく、優れた経営者として。ですから彼らは、『自分より彼のほうが優れているのか』『自分より彼のほうが長けているところがあるのか』『彼は容姿も頭もいい。だからもっと成功しているのか』と思いながら答えているのです」

――おっしゃる通り、ブラベックは、マウハーとグート、両氏の後を継ぎました。

「二人とも素晴らしい経営者であり、感謝しています。ネスレと音楽祭との間に『クオリティへの共通の情熱』を最初に見出したのはマウハーさんでした。彼と一緒にクレディ・スイスにザルツブルク音楽祭のスポンサーになるよう説得してくれたのがグートさんでした。

マウハーさんのような並外れた人物の後を継ぐのは簡単ではありません。個人的には『誰かが誰かの足跡をたどる』のを好ましいと思いません。私なら足跡を残さないようにします。

ブラベックさんは誰の足跡もたどっていません。自分の道を歩んでいますが、かといって先達から無闇に遠ざかろうともしていません。彼は出会うものすべてを吟味するのです。特定の部門を売却し、ポテンシャルがあると考えた他の部門に力を入れるなど、前任者とは違うことに着手しました。彼もまた、後継者にはやりたいようにやらせるのではないかと思います。

スポンサーシップについても同じで、自分のCEOの任期を超えるスポンサー契約にはサインできないとはっきりと言われました。後の人の権利を害したくなかったのです。それでも後任のブルケさんを紹介してくれる公平さがあり、おかげで契約を継続してもらうことができました。ブルケさんもまた、新しいスポンサーシップの考え方を持っていると思います。

ブラベックさんは、自分の信念に忠実でありながら、新しいことを受け入れようとするオープンさを併せ持った人です。『過去があるから未来がある』という言葉通り、彼は自分の根っこをよく知っています。オーストリア人だということ、そして自然とのつながりがこの上ない勇気を与えているのだと思います。ときに行き過ぎた野心とも言えますが、自然の力に立ち向かおうとしています。過酷な環境を求める人です」

――グートもマウハーも長らくそれを好ましいと思いませんでした。

「それはそうでしょう。私も友人として心配します。彼は勇敢な人です。交渉の余地のないビジネス判断を下す勇気があります。個人的なことでも、あるテーマに対する自分の姿勢を明らかにする勇気があります。

CEOというものは時に、社会や政治の問題に対して責任を負わねばなりません。最優先されるのは当然、採算性です。しかし利益を生まない、経済的に安定していない企業では、社内の問題に気を取られ、対処できません。

ブラベックさんは、社会や政治に関して非常に正確なコンパスを持っています。成果を上げた見返りである利益を、自力では成果を上げられない高齢者や子ども、体の弱い人々に還元しています」

――彼は水や食料の危機を非常に重要な問題だと考えています。

「実は最近まで知りませんでした。彼が熱っぽく話していることは非常に興味深いと思います。結局、嫌われるようなことをするには勇気が要ります。彼には自信があるのです。誰かに担がれなければ何もできない人とは違います。彼にはおべっかを言っても無駄です。

そういうのは嫌いなのです。自分が正しいと思えば行動し、そのときは対立も厭いません。

彼は行動の人であり、同時に非常に思慮深くもあるので、物事を正しい方向に推し進めることができるのです。考えすぎて躊躇し、何もできない人もいれば、急いであまり考えずに行動してしまう人もいます。ブラベックさんは、かなり時間をかけて物事を考えます。山登りが充電に役立っているようです。身体を張ることで、人と議論するエネルギーを得ているようです。

二〇〇八年の夏に、ベネズエラのシモン・ボリバル・ユース・オーケストラと、素晴らしいホセ・アントニオ・アブレウをゲストに迎えました。彼は一九七五年にこのユースオーケストラを創設し、ストリートチルドレンに無償で音楽を教え、精神的な支援を行っています。とても感動的なプロジェクトです。そのオーケストラと、このプロジェクトの下で成長した二七歳の若い指揮者グスターボ・ドゥダメルをザルツブルクに招いたのです。

私はブラベック氏を招いて観てもらいました。これまでになく魅了された様子でした。音楽への愛情によって祝祭大劇場に集結したその一〇〇人の若者たちを見て、本当に嬉しそうでした。彼が音楽祭に期待したのはまさにそれだったのです。大物に囲まれて何もできない姿ではなく、卓越を目指す熱い想いです。彼はこのオーケストラの演奏をもう一度聴きに来ました。そんなことをしたのは初めてでした。

ブラベックさんが指揮者になりたかったことを最近知りました。私は企業の経営者に、組織を軍隊にたとえるような馬鹿なことはやめて、もっとオーケストラと指揮者を見なさいといつも言っています。指揮者は、まったく異質の声を素晴らしいハーモニーに変えることができるのですから」

――ブラベックはCEOとして、ネスレの幹部をオーケストラの団員の中に混ぜて、一緒に演奏することの重要性に注目させたそうです。

「素晴らしいですね。彼はいつも、従来とは違ったやり方で人に刺激を与えようとしています。私も指揮のたとえにはいつもわくわくします。結局、バイオリン奏者は、今日はシューベルトの気分じゃないから他の曲を演奏するとは言えないわけです。会社はそこが違います。何も言わずに身を引いて、様子見に回ることもできてしまう。演奏者は、参加しなければプロジェクトはおしまいです。ビジネスの世界では、経済的に役立っていない一部の役者が観る側に回っても簡単には気づかないものです。

ブラベックさんは信じがたいほど活力に溢れ、部屋に入ったとたんに周囲がパッと明るくなります。歩く様も違います。私はのんびり歩く人を絶対に採用しません。のろのろ歩くのが大嫌いなのです。自分がせっかちなのはわかっていますし、同僚たちも皆知っています。

また、ブラベックさんが疲れた顔をしているのを見たことがありません。長旅から帰ってきたばかりであっても。私は自分が限界に達すると明らかにミスが増えます。会議中、次の会議のことばかり考え、次の会議ではその次の会議のことを考え、上の空になるのです。彼がそんなふうになるのを見たことがありません。

ブラベック氏は驚くほど聞き上手でもあります。だから一緒にいて嫌な経験をしたことがないですね。そして、必要なときに頼りになる友人だと感じています。とても忠誠心の強い人だと思います。会社に対しても、社員に対しても、家族に対しても」

column

オーストリアへの多大な貢献
――オーストリア元首相 ヴォルフガング・シュッセルに聞く

ヴォルフガング・シュッセル。ウィーン大学で経済学と法学を学び、法学で学士号を取得。最初にオーストリア国民党会派の秘書、一九七五年から一九九一年までオーストリア経済連合体の事務局長。一九七九年から一九八九年まで国会議員、一九八七年から一九八九年まで党副会長。

一九八九年にオーストリア経済大臣就任、一九九五年にオーストリア副首相兼外務大臣。二〇〇〇年二月四日から二〇〇七年一月一一日までオーストリア首相。

一九九五年から二〇〇七年までオーストリア国民党党首、一九九九年一〇月から首相就任までと二〇〇六年一〇月から二〇〇八年一〇月まで党議員総会長。その後、議員と党の外交スポークスマン。二〇〇八年一二月から超党派のオーストリアＵＮＡ（国連協会）会長。


「私は二〇年前に経済大臣になりましたが、それまで一七年間オーストリア経済連合体の事務局長でした。後に外務大臣と首相になり、自然にブラベックをよく知るようになりました。

彼はフィラッハの出身です。フィラッハの人々は、ロマンス文化、ゲルマン文化、スラブ文化が混じった非常に特徴的な人々です。彼のキャリアにも現れているのではないでしょうか。ケルンテンから南米を経由してネスレの頂点に上り詰めたことを思うと、いつも感心させられます。ブラベックは非常に魅力的な人です。ハンサムで説得力があります。何よりも、世界中に影響力を持つごく少ない欧州人CEOの一人です。トップが誰だかわからない多国籍企業が多い中、ブラベックは最初から違いました。

ネスレとブラベック、特別なコンビです。なぜ出世したかわからない、これといって特徴のない小心者ではなく、生気と才気溢れるあのように強い性格の持ち主を受け入れたのは、おそらくネスレの企業文化の一つの特徴でしょう。前任のマウハーもよく知っていますが、彼もとても印象的な人物です。

首相をしていた頃、オーストリア出身の企業幹部と年に二回会いましたが、そこにブラベックも来ていました。彼の姿勢や責任感は称賛すべきものです。皆が彼の話に引きつけられる。立場などではなく、彼には言うべきことがあるからです。開かれた世界経済を目指して彼が行ってきたことは、我々オーストリアの政治家にとって非常に重要なことでした。そして我々はそれに従って行動してきました。

歴史的に見て、オーストリアは輸出国ではありません。オーストリア＝ハンガリー帝国時代の役割は、大学、文化、官僚制でした。ブラベック氏が巡回宣教師のように何度も我々に言ったように、視野を広げる必要があります。自己充足してはいけないのです。小国だからといって貝の中に引っ込み、波に揺られて眠ってはだめなのです。世界に出て中東欧、さらにアジアへ進出するチャンスを生かさなければいけません。

彼はまた、ロビー活動を行い、意味のない規制をやめさせました。『国際競争は企業だけの問題ではない。A国では三日で会社が起こせるのに、オーストリアでは一年か一年半もかかる』

と言い続けていました。もっとスピーディに、オープンになれ、海外を見よ、投資は高速道路ではなく知力や新たなテーマや挑戦にせよ、世界を相手に主張する姿勢を示せと。我々は一貫してその通りにしてきました。非常に的確な進言だったと思います。

だから我々は、ブラベックのメッセージを真剣に受け止めたと誇りを持って言えます。この二〇年の間にオーストリア経済を開放し、グローバル化に非常に大きな前進を果たしました。輸出も四倍になりました。オーストリアはEU統合を機に、大企業だけでなく中小企業を含め、すべてのオーストリア企業が米国、アジア、アフリカ、アラブ諸国を含め世界中の市場で足がかりを得られるように厚く支援してきました。

ブラベックが素晴らしいのは、経済的な成功のみならず新しいことに注力している点です。例えば、水の問題を社会・政治の重要課題にしました。私は一九九〇年代前半に若い経済大臣としてこの問題で幾度か敗北を喫していたので、とても興味を持ちました。我々中欧（ドイツ、スイス、オーストリア）人が飲料水を使って汚れた車を洗ったり、庭に水をやったり、トイレを流したりしているのはとんでもないことです。飲料水とそこまで浄化されていない水とを分ける賢いシステムを見つけなければなりません。

最初は当然、馬鹿にされました。まず誰がそのお金を出すのか。所詮、水は無料で、無制限に使うことができます。ところがその後、大きな変化がありました。工業用水の値上がりに伴い、各社とも地下水や非浄水を使う方向にどんどん動き始めているのです。

ブラベックはグローバル化支持を熱く宣言しましたが、今の金融・経済危機においてはあまり同意を得られないでしょう。ですが、グローバル化によって何億もの人々が貧困から脱したこと、そして我々がこの危機を脱するためにグローバルな動きを起こさなければ、彼らがまた貧困に戻ってしまいかねないことを忘れてはなりません。

環境に配慮した持続可能で社会政治的責任のある市場経済へのブラベック氏の訴えは、いつも私に感銘を与えます。彼のようにグローバルな影響力を持った欧州人ビジネスリーダーは非常に稀です。ダボスや国連での会議、あるいは9・11後の米政府への助言でも、彼の発言に皆が耳を傾けます。それは彼の姿勢がそうさせているのです。戦略的に物事を考えるCEOは多くありません。彼が気に掛けているのは、今後何が起こり、好むと好まざるとにかかわらず、どのような準備をすればよいのかであって、自分たちが何を欲しいかではないのです。

従来からさまざまな市民運動が存在していましたが、一〇年から一五年前までNGOが議論のテーマになることはありませんでした。今やNGOの活動は政府の仕事の延長線上にあり、境目が曖昧です。それが厄介なときも、非常に厳しいときもあります。オバマ政権はこの状況を巧みに活用していますし、それが選挙の勝因だった可能性もあります。ここオーストリア、それにスイスやドイツでも同じで、今NGOは政治を正し補完する存在です。特に、彼らが何かを阻止しようとするのではなく、前向きに修正しようと動いてくれるとうまくいきます。

ネスレは、多国籍企業の中でも最大手で、話し合いの中心にいます。どんな難しい質問にも対応することが求められますが、それは必ずしも簡単なことではありません。単に取り合わなかったり、強引に意見を押し通したりするのはもはや通用しません。ブラベックはそのことに比較的早く気づき、そうしたことに配慮して上手に行動していると思います。

彼は手強い議論相手です。相手が何か言いたいことがあるときには耳を傾けますが、先入観やイデオロギー的立場での発言、月並みな意見にはかなりの苛立ちを見せることがあります。自分が相手の話を聞いているのと同じ公正さで聞いていないと感じたときも同じです。

彼と話し合いをしたければ、第一に、神経を太くすること。第二に、権力にこびへつらったり、萎縮したりしないこと。第三に、自分の意見を持ち、それを提示できるようにすることです。そうすれば何の問題もありません。私は彼との話し合いをいつも楽しいと感じます。厳しいけれど、充実した議論ができます。

株主の世界はまたまったく別の世界です。四半期業績にしか興味のない近視眼的な気質は、一二年前にもありましたが、かたちは違っていました。今、株主団体の中には、非常に組織化された貪欲な団体もあり、自分の考えをしっかり持って対応しなければなりません。

オーストリアの話に戻りましょう。ブラベックは、常にオーストリア文化を大事にしてきました。ネスレがザルツブルク音楽祭のメインスポンサーをしているのも彼が音頭を取ったからです。経済と芸術、そして何より若者の支援におけるクオリティの追求は素晴らしいことで、オーストリアが大きな恩恵を受けていることの一つです。

二〇〇六年一一月二七日、私がまだ首相だったとき、オーストリア共和国への功績を称えてブラベックに功労勲章を授与しました。私の在任中の最後の仕事の一つでした。その数年前の二〇〇一年には、社民党所属のウィーン市長ミヒャエル・ホイプルが彼にシュムペーター賞を授与しました。ブラベックは、政党の壁を越えて評価されています。彼がどれだけの功績を残してきたかおわかりになるでしょう」

column

多文化企業はスイスに合っている

――スイス連邦元大統領 ドリス・ロイタードに聞く

ドリス・ロイタード。一九六三年生まれ。チューリッヒ大学で法学を学び、パリとカルガリーでさらに教育を受けた後、一九九一年に弁護士免許を取得。一九九三年、ムリ地区の教育長に就任し、一九九七年、アールガウ州議会議員に選出される。
一九九九年、連邦議会議員に選ばれ、二〇〇六年まで務める。二〇〇〇年、州議会議員を辞任し、スイスキリスト教民主党の副党首になり、二〇〇四年から二〇〇六年まで党首を務める。
二〇〇六年から連邦参事会に入閣し、経済問題や貿易政策の中央権力である経済大臣に就任。労働、専門職訓練、技術、イノベーションを担当し、農業局、獣医局、住宅局を管轄する。連邦参事会議長として、二〇一〇年に連邦大統領を務める。

――初めてブラベックに会われたのはいつですか。

「ずいぶん前です。国民議会（下院）議員は財界を代表する方々と話をする機会がよくありました。経済に興味があれば、遅かれ早かれブラベックさんと行き合うでしょう。また、ヴェヴェーで開催されたリヴレーヌ会議にゲストとして出席し、そこで政治レベルでも個人レベルでもさまざまな人と交流する機会がありました」

――ネスレの活動で特にはっきりと覚えておられるものはありますか。

「外国訪問の際に、その国々でネスレの支社を訪れ、社員や現地の政治家と話をしました。ネスレは、新興国の多くに最初に足がかりをつけた企業の一つです。そのため投資や雇用創出などで早くから現地に知られていました。地元の人々はすぐに海外の投資者ではなく、自国の企業だと思うようになったようです。ブラジルや中国などでもそうでした。

食品を地球の裏側まで輸送するのではなく、消費される地で製造することは理にかなっているだけでなく、食品は最終顧客が親近感を持ちやすく、作っているのがスイスの会社だろうとどこの会社だろうとそれほど重要ではない商品です。消費者がネスレを地元の会社だと考えている場合が多く、ネスレはそうした国々のその認識に応えています。

これがプレミアム商品になると変わってきます。例えば「ネスプレッソ」のようなブランドは、品質に対する要求が非常に高く、原産地が非常に重要となります。「ネスプレッソ」ブランドは、スイスとスイスの経済戦略に合っているのです。

もっと広く言えば、ネスレが国際本社をスイスに置いていることも合っています。なぜなら、国民の構成からしてスイスは最も国際的な国の一つだからです。スイス人は、何十年も前から多数の言語や文化の中で暮らしてきましたし、多くの多国籍企業が本社を置いていることもスイスの国際的な評判を高めることに寄与しています。

もちろん、こうした企業がネスレのように、信頼され信用される企業として、スイスの倫理感や規範への支持を示すことも重要です。世界各地のネスレにまつわる農場を訪問すると、ネスレの成熟した社会的能力（ソーシャルコンピテンス）が伝わってきました。それはブラベックさんがかねてから推進し、指針としてきた持続可能性（サステナビリティ）に裏打ちされています。

スイスの政界はその功績を高く評価しました。スイスの世界的イメージに寄与するからです。ネスレは本国で非常に高く評価されています」

――スイス国内で評判の高いネスレは、政治においても影響力があるのでしょうか。

「ほとんどの政党の政治家は、ネスレと意見交換をしたがっています。私にしてみればそれはごく自然なことです。しかし、ブラベックさんもネスレも、投票や公的な議論となると明らかに寡黙な態度を貫きます。人の自由移動に関する国民投票のときには、社内誌でその議論を取り上げるようネスレに働きかけねばならなかったほどです。

それも簡単ではありませんでした。内政干渉はしないことがネスレの基本理念の一つだからです。農業におけるEUとの自由貿易協定の問題に関しても、食品業界全体にとって重要な意味を持つため、ネスレにいつもの自制を捨てるよう説得しました。ネスレがたまにそのルールに例外を作り、思い切った発言をしてくれることが、関係者全員のためになるのです。

さまざまな国際的な社会経済のテーマに、ネスレの知識や実経験が活かされてきました。競争に関する国際ルールや栄養の問題などもそうです。

呼ばれるまでは立ち入らないが、必要なときに知識に基づく意見や提案をしてくれる、そういう人がそこにいるとわかっているのは心強いものです。水問題もそうですが、その分野で国際経験が豊富な人に相談できれば、各国に対する自国の位置を確認することもできます」

――ブラベックの助言によって、方向性が制約されると感じることはありませんか。

「ありません。彼は興味深く、申し分のない大事な議論相手です。知識のある人に相談しない手はありません。もちろん常に考えが一致するわけではありませんが、彼の意見を聞き、彼の経験知を生かさなければもったいないでしょう。

ダボス会議への彼の積極的な姿勢も同じことです。彼は誠心誠意、自分の知識や経験を提供しようとしています。米国とスイスそれぞれの立場に関するパネルディスカッションを行いましたが、私は彼がスイスの代表を立派に果たしてくれると信じていました。

政治とビジネスは現実に密接につながっており、相互に影響し合っています。9・11後に施行された規制のことを言っているのですが」

――ブラベックが守ろうとしている信条や理念はありますか。

「あります。彼は本当に長期的な物の見方をする経営者の一人で、私はそれを評価しています。彼の頭の中には、会社の安定、財務、投資、利益のことしかありません。

彼は、株主価値やボーナスを重視した〝四半期〟という短期的アプローチを優先しません。ネスレの成功は、分析、予測、枠を越えた思考によるものです。

原材料価格は変動し、中には供給量が足りないものもあります。ブラベックが掲げた将来ビジョン、つまり新たな研究分野、新しい商品や市場への長期投資は、ネスレが企業として比較的安定的に持続していくことを示しました。動向をしっかりと分析し、長期計画をじっくりと振り返り練り上げれば、競争での優位性を維持することができるでしょう。それがネスレの成功の秘密だと私は思っています。

二つ目は、ネスレのエコ・ソーシャルコンピテンスです。環境経済は、社員にとっても非常に重要ですが、大勢のミルク生産者や加工業者にとっても重要です。さまざまな社会の地域構造を強化することは、ネスレの変わらぬ経営理念です。賢い牛乳流通ネットワークの構築もその一つです。生産物の改良、衛生基準の向上、契約上の義務の完全履行といった面で小規模農家を支援しました。私たちにとっても利益があり、ウィン・ウィンの状況です。

ネスレの経営理念は、人を重んずるという姿勢に基づいています。同社の環境へのアプローチ、例えばコーヒー栽培からも窺えます。インドは深刻な水不足に悩まされており、排水路を作って水の使用量を減らし、無駄をなくすことが理にかなっています。

また、環境社会的価値観から促進している希少資源の慎重な取り扱いは、将来の経済モデルになると思います。この点に関して彼から学ぶべき経営者は多いでしょう。危機の時代に、このメッセージに従って鋭意取り組まなければなりません。

ブラベックさんは、講釈を垂れるわけでも、気取るわけでもなく、自分を見習うべきだとも思っていません。ですが彼は、企業が環境社会や環境基準を満たしながら発展できることを実証しています。このメッセージは、他の企業をやる気にさせ、彼らの模範にもなるでしょう。それはすべての人の利益になることです」

column

前向きさ、自制、自由

――スイス再保険元会長、クレディ・スイス元会長 ウォルター・B・キールホルツ

ウォルター・B・キールホルツ。一九五一年生まれ。ザンクトガレン大学で経営学を学んだ後、一九七六年、チューリッヒのジェネラル再保険に入社すると同時に、妻のダフネ・キールホルツ＝ペスタロッツィと二つの画廊を開設。一九八六年、クレディ・スイスの前身であるスイス信用銀行（SKA）に、一九八九年、チューリッヒにあるスイス再保険に移る。

一九九三年、スイス再保険の上級管理職に就任、一九九七年から二〇〇二年までCEOを務める。一九九八年に取締役、二〇〇三年に執行役副会長、二〇〇七年に副会長、二〇〇九年五月一日に会長就任。

一九九九年からクレディ・スイス・グループの取締役、二〇〇三年から任期満了の二〇〇九年まで会長。

さまざまな業界・経済団体に積極的に参加しており、欧州金融円卓会議（EFR）もその一つ。社会的・経済的発展のためのシンクタンク、アヴニール・スイスを設立し、二〇〇九年まで会長を務める。チューリッヒ芸術協会の会長。

キールホルツが初めてブラベックに会ったのは一九九九年。クレディ・スイス・グループAGの取締役会だった。ブラベックは一九九七年にマウハーの後任として取締役に就任していた。キールホルツは、ネスレの新しいトップが前のトップとはまったくタイプが違ったことに驚かされた。年齢はむろん、根本的な姿勢が異なっていた。

マウハーには時おり敬虔さを感じたが、ブラベックには人生に対する前向きさを感じ、エネ

ルギッシュな経営者である一方、非常に複雑な私生活を送っている印象を受けた。企業のリーダーとして完全に職務に没頭しており、役人とは正反対だった。

しかし、一人の人間としては、チャレンジや成果を重んじる。そうでなければ登山で自分を限界まで追い詰めたり、飛行機やバイクを操縦したりしない。目一杯充実した人生を送る方法を知っている。ブラベックの親友であるキールホルツは、そう言える数少ない一人だ。

最も尊敬していることは、しきたりに囚われずに自由な人生を送る一方、自制をもって伝統的企業を経営し、次々と成功に導いていることだという。ブラベックには、相対するように見えるものに折り合いをつけて調和させる力がある。

欧州では絶対に得られなかった南米での経験なしでは、あの多面性は培われなかっただろう。岩を登り、南米の生活や現地のビジネス慣習を経験した人は珍しい。

ネスレは先見性と繊細さをバランスよく持って操縦しなければならない蒸気船だという。会長とCEOの兼務に関する論争はブラベック個人に響いた可能性はあるが、彼の実績が批判者を黙らせた。業績に現れているように、彼が正しい判断を繰り返したことは間違いない。

キールホルツは二〇〇二年度にクレディ・スイスの再建に取り組んだ際、ブラベックに助けられたことを今でも覚えている。彼が一九九七年から取締役、二〇〇〇年から二〇〇五年と二〇〇八年から再び副会長を務め、同社を熟知していた。再建は二〇〇二年初秋に始まり、二〇〇三年まで、体系的かつ一貫して継続された。クレディ・スイス・グループは、二〇〇二年に三三億スイスフランの赤字を計上した後、二〇〇三年には五〇億スイスフランの純利益を上げた。

また、経済政策に関するブラベックの助言を重く受け止めているが、彼が公の政治論争への関与を自粛しているのも確かだ。批判的な意見をいっさい述べないとか、論争中の問題について議論しないという意味ではない。常に情報を有し、事実にこだわるのは彼の強みだ。

グローバル化に関しては、スイスの政界リーダーと財界リーダーが密接につながっていることは利点だとキールホルツは考えている。そして一九九九年にネスレを含むスイス大手一三社が設立し、社会学者トーマス・ヘルド率いるシンクタンク、アヴニール・スイスと、ネスレのリヴレーヌ研修センターでの年次会議に言及した。

スイスのような国では、経済政策に関する議論を非公式に行うことは非常に重要であり、それが国際的に大きな意味のある問題となればなおさらだ。国際市場で重要な役割を演じ、多文化的なリーダーシップ構造を持つネスレのような大企業にとって、スイスは、生産拠点としては重要ではない。そのため、多文化多面性を持つスイスが本社を置く国として魅力的であり続けることがよりいっそう重要になる。単純にスイスの社会システムと多文化企業は相性がよいのだ。

キールホルツによれば、ブラベックは情報交換と財界での人脈づくりとを区別する能力に長けている――欧州産業円卓会議や世界経済フォーラムのインターナショナル・ビジネス・カウンシルでも、個人的に付き合いのある人の中でも。他の多くの企業リーダーとは対照的に、社交界の有名人ではない。ブラベック夫妻が上流階級のイベントに姿を現すことはめったにない。

それでも彼はスイスでとても人気がある。おそらく医薬品業界や銀行のリーダーよりも人気が高いだろう。一度キールホルツに説得され、正装でチューリッヒの春祭り、ゼクスロイテンに姿を現したブラベックは、自分の人気ぶりを肌で感じたにちがいない。

人気の理由の一つは、その率直さにある。日和見主義者や自分が重要だと思うことを針小棒大に騒ぐ人とは正反対なのだ。もう一つは、進行する水不足など世界の大きな問題についてわかりやすい言葉で議論できることだ。それは高級雑誌に私生活の写真が掲載されるよりも大事なことだ。

ブラベックは、情報の取り扱いに厳しいという。地球温暖化やその影響といったよく知られた真実に対しても、関連する事実がすべて明らかになり、その意味がきちんと分析されない限り、深い疑念を持っている。尚早な判断はなるべく避けるようにしている。

ブラベックを政治的に型にはめることはできない。さまざまな社会問題に対して多様な見解を持っている。おそらく保守的な価値観を持った環境論者なのだろう。それなら持続可能性を擁護する姿勢に反しないはずだが、根源にあるのはイデオロギーではなくビジネスセンスなのだろう。

企業の中には業界の古い伝統を守る怪物が必要で、そのためにブラベックに代表される持続可能性や社会的公正のトレンドを無視する企業もある。こうした領域においてもネスレは他の多くの企業に対するトレンドセッターの役を担っている。

第5章

CSV
——共通価値の創造

ネスレはなぜCSVに挑戦するのか

Creating Shared Value

二〇〇八年に発生した世界的な金融・経済危機は、二〇〇九年も政治やメディアにおける国民の議論を独占し続けた。そのおかげで、世界の今後の発展にとってそれと同等か、それ以上に重要な他のテーマに長い間、光が当たらなかった。

ブラベックは、現状に対して現実的な見方をしており、時計の針は戻せないのだから、この危機やその影響を甘んじて受け入れるしかないと考えている。原因や解決策に関する彼の結論は、政治家が大袈裟な現状改革論で世論を形成するのとは大きく異なっている。

ブラベックは、国内ウケするパフォーマンスを超えた、長期的な視点、持続的で連帯的な考え方や行動が必要だと提案する。政治家はえてして、「ターボ資本主義（政府の介入を排除した市場主義経済）の醜い顔」を突きつけられると、有権者の雇用が脅かされるため、多国籍企業を揶揄する大衆主義的な風刺画を描いて見せるが、それは現実からかけ離れている。

第三世界や新興国における国連や多くの多国籍企業の前向きな取り組みを理解し、対策の基準にする代わりに、多くの国の世論はこうした取り組みを無視している。「他国の国民を犠牲にして発展することはできない」と、二〇〇一年ノーベル平和賞受賞者のコフィ・アナン前国連事務総長はいう。だからこそ、共通価値の創造（ＣＳＶ）が極めて重要なのだ。

金融危機の引き金は、投資銀行家より、むしろ米国の政治家である

ブラベックは、世界的な経済危機に発展した二〇〇八年の金融危機の第一の責任は、強欲で悪徳な投資銀行家ではなく、米国の政治家にあると信じている。

民主党ジミー・カーター元大統領は、一九七七年の地域再投資法により、それまでタブーとされてきた地域の低所得者層や少数民族への融資を金融機関に強制した。一九九五年、クリントン大統領はこの法的義務を強化している。

抵当銀行は、少数民族や肉体労働者をはじめとする恵まれない層にもマイホームを所有するというアメリカンドリームを叶えさせるために、不動産融資の何％かを彼らに与えなければならなかった。特に、連邦住宅抵当公社ファニーメイとフレディーマックは、低金利ローンの発行を奨励されていた。問題が起こったときは、納税者が負担をする、と。

そこで金融機関は金利や融資条件を引き下げた。米国人は、実際にその余裕のない人も、マイホームに投資し始めた。一九九〇年代半ば、米国では毎年およそ一二〇〇万戸の住宅が新築され、二〇〇六年には二一〇〇万戸を数え、一方、一九九五年から一九九九年の間に金利は五・五％から三％に下落した。

これと同時に、不動産価格が上昇し、住宅購入は実質的に失敗のないものになった。一九九九年、不動産価格は一〇％近く上昇した。住宅所有者には、自分の不動産の価値が一〇年後には倍になる計算だ。その頃に売却すれば借金は消え、相当の利益が得られる。

銀行もリスクが小さいように見えたため、信用度を確認せずにローンを提供した。借り手の法的責任は、収入や個人のその他の資金とは関係なく、住宅だけに限定された。ローンが支払えなくなった人は、住宅を銀行に返せばそれで済んだ。

二〇〇八年、ファニーメイとフレディーマックの住宅抵当公社二社には、一兆ドルを超える未払残高があり、その半分は低所得者や安定収入のない債務者によるものだった。二〇〇七年には、米国民一人当たりの債務は可処分所得の一九〇％に増加し、その三分の二を住宅ローンが占めていた。

不動産ブームの中、年間六〇〇〇億ドルもの多額の住宅融資が行われ、その二割は「無収入、無職、資産なしの人」を意味するＮＩＮＪＡを相手にしていた。

二〇〇六年には、米国の住宅価格破壊が始まり、このシステムが不安定で崩壊寸前であることが明らかになった。当然、どの金融機関も融資リスクを単独で負う用意はないため転売した。二〇〇七年、信用リスクの移転を目的に六〇兆ドル近いデリバティブ取引がなされた。それは世界の経済生産にほぼ相当する。その後、二〇〇八年にどうなったかは誰もが知っている通りだ。

ブラベックは、一〇年以上前に行われた純粋に政治的な近視眼的判断が長期的な危機を不可避なものにしたと主張する。これを予測していた人は、水を差す悪者呼ばわりされていた。

オバマ大統領の計画では、莫大な借金を抱えた住宅購入者を破滅から救い、彼らの家を差し押さえから救済するために七五〇億ドル、さらに二〇〇〇億ドルをファニーメイとフレディーマックの救済に割り当てようとしている。ブラベックは、クリントンが前にやったことと同じことをオバマがやろうとしていると指摘した。

クリントンは、米国民に、買えもしない家を買うチャンスを与え、今度はオバマがその家を手放さなくて済むようにしようとしている。「破産や差し押さえが不動産価格の下落を引き起こしている。地域経済に害を及ぼし、失業につながる」というのがオバマの理屈だ。「悲惨な状態に直面した住宅所有者を救うだけでなく、彼らの道連れになりそうなその地域の人々も救うためだ」。これが長期的にどのような結果になるかは、誰にもわからない。

「近年ますます短期的思考に慣れてきてしまったことが、この危機が起こった大きな理由の一つです」とブラベックはいう。

「ネスレでは、株主のための価値創造が自分たちの義務だと考えています。ところが他社では、株主価値重視によって、『持続的で長期的な価値の増大』がますます短期的な目標に置き換えられています。何年も前にマウハーがこれを批判して以来、私たちは一度もその方向に進んでいません。アナリストの圧力に負けず、四半期レポートを発行していません。私たちは、株主価値とステークホルダー価値の間に、長期的展望と健全で持続的な関係を築きたいのです」。短期的思考や四半期ごとの業績評価は、さまざまな業界の人々に本質的な目標を見失わせ、短期利益のみに専念させた。その結果、「今」欲しい人、「明日」に興味のない人ばかりになった。

ブラベックは、現在の危機の責任はビジネス界にはなく、したがって政治家は経済を規制するべきではないと考えている。「国の規制によってビジネスが効率化するという考えはお門違いだ」

二〇〇九年九月四日、スイス産業連盟によってチューリッヒで「産業の日」が開催された。ここでブラベックは、現行の会社法改正による間違った過度の規制によって、スイスに拠点を持つ企業を弱体化させる恐れがあると指摘した。企業経営の環境は、企業が生産性向上に専念できるようにシンプルであるべきだ。それはスイスに限らず世界中で言えることだ。

ブラベックは、バナナ共和国（いわゆる南米の国々）では、ポピュリズム（大衆主義）が法律になっているが、工業国では、世論調査や短期的な政治トレンドを理由に、予想外の変更をすべきではないと付け加えた。「経済危機が起きたことで、経済システムの原理に関する議論が再開されました。自由社会、自由企業の原理や実現は深刻な脅威に晒されています。政府は、全力を挙げて需要を増やし、既存の経済構造を守ろうとします。競争力があるか、健全かどうかに関係なく。この経済危機の本質は、深刻な価値観の危機のほんの一兆候でしかありません」

そのため、市場経済や経済の自由に対する世論の関心は低い。国と経済、政治と企業の間のバランスは、後者に不利益となるように崩れた。自由でオープンな競争を伴う市場経済戦略によってのみ、最大多数の他者が利益を得ることができる。そして、こうした前提条件が整ったときにのみ共通価値を創造することができるのだ。

未来を憂う

「現状では国が早急に介入しなければならないのはわかっています」とブラベックは認める。「さすが私が気になっているのは、足らないことではなく、やりすぎることとです。特に米国です。間違った場所に行き過ぎた支援をすると、全体に長期的なマイナス影響が出かねません。もちろん今必要なことと、将来考えうる影響のバランスを取るのは簡単ではありません」

大量のお金を注ぎ込んで死に体の産業にテコ入れするのは、正しい判断ではないと彼はいう。結局それはインフレ率の上昇、さらなる補助金、政府支出の増加を意味し、ひいては財政赤字の拡大、つまり税金や金利のアップを意味する。こうした長期的影響は、短期的判断を下すときに無視すべきではない。

たった一年半で金融・経済危機は五〇兆ドルを帳簿から消去した。世界人口一人当たりほぼ一万スイスフラン（約八五万円）に相当する。ブラベックによれば、最も大きな損失を受けたのは、人口密度の高い途上国の人々ではなく、目がくらむような金利で何十億ドルもの資産を築いた人々だった。しかし、今では低所得層も打撃を受けている。国際労働機関（ＩＬＯ）は、最悪五〇〇〇万人が職を失う危険があるとしている。一九八一年から二〇〇五年の間に初めて貧困線（貧困状態を定義する個人所得レベル）を下回った二五億人のうち、危機が広まれば、二億人が二〇〇五年価格で一日一人当たり一ドル二五セントという絶対的貧困の基準以下に逆戻りしかねない。

これは金融危機だけではなく、食糧危機によるものだが、先進国の人々はまだその存在に気づいていていない。政治家でさえ食糧危機や迫り来るインフレを意識していないとブラベックはいう。

彼は、欧州中央銀行のジャン＝クロード・トリシェ総裁と、英首相だった頃のゴードン・ブラウンに、金融・食糧・石油危機は別個に捉えるべきではなく、このうち石油危機は自作のもので短期間しか続かないため、最も重要性の低い危機だと指摘した。「石器時代が終わったのは石がなくなったからではなく、人類がそれ以上に発展したからです。我々もまもなく石油時代を終えるでしょう。それ以上に効率のよいエネルギーを供給できるようになったからです」

金融危機の後もなお、二〇〇九年四月の世界的な株価指数ＭＳＣＩが三〇年前の六倍という高いレベルにあったことを忘れるべきではない。第一の問題は債務危機だ。これは、生産性の向上、保護主義の緩和、構造適応によって正面から取り組むことができる。

一方、食糧危機は極めて深刻な長期的な問題であり、気候問題を解決する重要な材料として期待されるバイオ燃料の促進を含む、現在の政治決定によってさらに悪化している。

ブラベックは、世論の関心の的であるCO_2よりも緊急を要する問題がたくさんあると考えている。気候学の研究者の中でさえ、気候変動への関心は薄れるだろうと考えている人もいる。ネスレにとっては、人々に食糧を供給すること以上に優先されるべき問題はない。食糧危機は今でも先進国の多くの人々には目に見えない問題だが、このまま持続的で適切な対策を講じなければ、いずれ誰もがその影響に気づくことになる。

食糧危機について取り上げ続け、水の危機との密接な関係を明らかにすることが重要だ。「今の状態が続けば、水は石油より先になくなります」

目に見えないものが重要——ネスレ・プラス

ネスレは、その企業文化ゆえにニュース雑誌『ファクツ』に「あらゆるものから独立して自らの法則でビジネス宇宙を移動する〝惑星〟」だと形容された。この描写は真実に近い。ネスレの成功の本当の理由は、ブラベックが考えるに、市場における地位でも財務状態でもなく、社内で「ネスレ・プラス」と呼ばれている現象だ。損益勘定でも貸借対照表科目でもなく、ネスレでしばらく働いていると感じられるものだ。

「ネスレ・プラスは、定性的なアプローチを取るリーダーシップスタイルや人事方針、労使関係といった無形価値のことです」とブラベックはいう。アンリ・ネスレが同社を創業したとき、彼は人間主義的な姿勢を持ち、単なる成功を求めなかった。当時、乳幼児死亡率が高かったため、子どもたちの生命を助ける製品を模索し、ネスレの乳児用シリアルを発明した。

ネスレのリーダーシップでは今でも、価値観が重要な役割を演じている。それは当然、時代に合わせて変化し、洗練されてきた。現在のネスレは、経営スピード、成果主義を追求し、可能な限り官僚制を排除するような組織構造を取っている。リーダーシップ、価値観を実行に移すこと、多文化主義は同社の柱を成し続けている。

ブラベックは、会社の成功が社員の顔に反映されているのを見るのが何より嬉しいという。「それより素晴らしいことはありません。世界中どこへ行っても社員は満足して幸せそうな顔をしています。会社がうまくいっていることを皆が知っているからです」。社員は皆、自分が企業活動に、そして財務レベルでも貢献していることを知っている。上級管理職だけでなく、社員全員に、会社の発展に参加してボーナスを稼ぐチャンスが与えられている。彼らがネスレのサクセスストーリーの一端を担っていると感じるのはそのためだ。「それが一番大事なことです」とブラベックは断言する。

二〇〇三年三月、ハーバード大学のマイケル・E・ポーター教授とマーク・R・クラマー教授は、『ハーバード・ビジネス・レビュー』誌に寄せた記事の中で、戦略的フィランソロピー（慈善活動）の概念を幅広い読者に説明している。二人は、多くの企業が善い行いをしているが、その社会参加のあり方は一般的に非組織的で、隠れミノの機能を果たしていることに気づいた。

政府や活動家やメディアは、企業活動の社会的影響に関して企業を非難する名人となった。多くの機関が企業のCSRの実績によって企業をランクづけしている。その査定方法の信憑性は疑わしいが、世間からの評判は非常に高い。

そのため多くの企業が社会的大義に多額のお金を費やし、環境の改善に貢献したが、そうした取り組みが本来実現すべき生産性を実現できない理由が二つある、とポーターとクラマーはいう。

第一に、CEOの多くがこうした出費は利益を目減りさせると考えているため、社会的大義に費やす金額が少なすぎるか、使い方が間違っていること。第二に、圧力に負けて、自社の戦略に何の関わりもない、非常に一般的な社会レベルの活動に取り組む企業が多いことだ。ポーターとクラマーは、自社の事業戦略や経営戦略から乖離しており、あまりに組織立っていないために、企業は社会貢献を行う最良の機会を無駄にしていると結論づけた。

そこで両教授は、本業と同じ方法でCSRを行うべきだと提唱する。そうすれば、CSRが単なるコストではなく、新たな市場機会を生み、イノベーションや競争力の源泉になることにすぐに気づくはずである。CSRに戦略的に取り組むことで、社会を素晴らしく進展させる可能性がある。なぜなら、企業の経営資源、社員のノウハウ、経験が最大限に活用されるからだ。

ブラベックは、二人の言葉を真剣に受け止め、ネスレの中南米における活動を調査してもらった。中南米は、ネスレが一九二一年に途上国で最初の工場を建設した場所であり、彼自身が一七年間マネジャーとして赴任し、企業活動と社会の発展との密接なつながりを経験した場所だったからだ。実質的な進歩、激変する経済、凄まじい貧困が同時に存在するのが中南米だ。にもかかわらず、ネスレは活動を拡げ続け、今や七二の施設を数えるようになった。

ネスレにとって社会的責任は、外から来るものではなく、基本的な事業戦略と企業方針の不可欠な要素であり、すべてのマネジャーの共通のテーマであるとブラベックは強調する。

彼は、株主の資本投資の受託者として、投資家に長期にわたって利益を生み出すためには、ネスレが社会に利益をもたらす会社でなければならないと考えている。企業が本当に試されるのは、長期にわたって社会に利益をもたらすかどうかだ。そのためネスレは、マーク・クラマーをマネージングディレクターとするファンデーション・ストラテジー・グループ（ＦＳＧ）に、ネスレがどのように社会的責任を実行しているかを分析するよう依頼した。また、そうした活動を全社の戦略にさらに近づけ調和させる方法についても提案を求めた。

さらに、ネスレがこの数十年間、中南米の社会システムに与えた影響について情報を収集するよう依頼した。この調査結果が世界中で共通価値を創造する基礎になる。ネスレは調査グループに社内文書など重要な情報の使用許可を与え、ヒアリングにも応じた。

調査の結果、ネスレが中南米の人々やその環境に多大なプラスの影響を与えていることがわかった。その内容は、二〇〇六年の「ネスレが中南米で実践する企業の社会的責任の概念」という報告書にまとめられている。

ネスレは次のステップとして、「ＣＳＶ報告書」を二〇〇七年の年次報告書とコーポレートガバナンスに関する報告書と共に発行した。マイケル・ポーターのバリューチェーンを使ってチェーンの各段階での共通価値の創造について説明している。

バリューチェーンの最初の連結、つまり農業と農村部では、農家へのノウハウ移転や支援、最新の研究開発内容をサプライヤーに知らせていることが発展のベースになっていた。ネスレのCSVは、高品質な原材料の供給と、製品品質と同様に社会との関係を向上することだ。この社会のための価値創造は、収量と収入の増加、そして天然資源の搾取低減を意味している。

第二の連結は、現地生産施設への投資による環境、生産、社員への影響だ。ネスレにとっての利益は製造・物流コストの削減、社会にとっての利益は農村部における雇用の創出だ。

第三の連結は、製品と消費者に関係し、責任あるマーケティングによるブランドの構築と、販売の価値と数量の増大がベースにある。ネスレにとっての利益は、新興市場への参入と競争力のある配当水準の達成にある。社会への価値は、消費者の嗜好に合った食品の提供と現地投資及び経済成長だ。

CSV報告書で、ブラベックは、ネスレが世界各地、特に途上国で、社会への責任をかなりの程度まで果たす企業として尊敬されていると結論づけている。そして、「現状に満足はしていません。(中略)この報告書は、CSVに関する全世界のデータをまとめるための第一歩にすぎません」と付け加えた。

クラマーとポーターの考え方をベースに、ネスレはCSVをより包括的に評価しやすくするための数カ年計画を作成した。ＧＬＯＢＥマネジメント情報システムを活用することにより、ネスレのさまざまな分野に関するグローバルな情報へのアクセスが初めて可能になった。

ブラベックが研究開発部門の完全な再編を指示し、そのための資金を投じなければ、ＣＳＶはこれほど成功しなかったと内部関係者は断言する。今日ネスレは、基礎的な食品技術を取り扱っていたときよりもはるかに広範な技術ベースを持っている。従来の食品メーカーと異なり、かつてはハイテク産業でしか見られなかったような技術プラットフォームを持つ医薬品業界などとの技術革新チャネルを持っているからだ。

ネスレは、植物バイオ技術の活用によって、第三世界の農家に何百万もの健康的な種苗を供給しており、そのおかげで農業セクターの存続が保証されているが、そうしたバイオ技術を開発している企業は他に世界中を探してもない。またネスレは、カカオやコーヒーの木を新種の病原菌による絶滅から守る遺伝子バンクを保有している。

胚発生による植物のクローニングによって、例えば中国では、地元農家と協力して広大なコーヒー栽培地帯を形成し、ネスレ初の中国のコーヒー工場に十分な原材料を確保することができた。このモデルは、後に他の国々にも移転され、ブラベックの前任者マウハーが提唱したサステナビリティ指針をはるかに超える成果を出している。

その理屈は単純だ。メーカーは、高品質な原材料が手に入らなければ、よい製品を作ることはできない。そこでマウハーは、一九九〇年に環境諮問委員会を設置した。ネスレは単に健全な環境で経営することだけを目指しているのではない。その農業研究の成果は、同社八〇〇人強のスタッフによって世界中の農家に技術・知識移転というかたちで支援に生かされている。持続可能性と環境に配慮した活動とCSVを組み合わせたのはブラベックだった。

ネスレにとってのCSVの重要性

二〇〇九年四月二七日と二八日、ネスレは国連パートナーシップ事務局とスイス国連大使と連携し、ニューヨークでCSVフォーラムを開催した。ネスレ幹部が事業戦略や水、栄養、農業・地域開発の分野で国際的に認められた専門家と討議した。新設されたネスレCSV諮問委員会の一三人のメンバーも出席した。この諮問委員会は、ネスレのバリューチェーンを分析してCSV促進策を提案し、事業の成功を背景に社会へのプラスの影響を強化することが目的だ。

フォーラムでは、ネスレのCSVへの姿勢を明確に示す三つの取り組みが紹介された。一番目は「ネスレ ヘルシーキッズ グローバルプログラム」。ネスレは、二〇一一年までに栄養・スポーツ推進プログラムを現在の二倍の国で展開し、一〇〇を超えるプロジェクトをネスレの拠点のある国で開始すると発表した。特に、児童・生徒に多い肥満の増加と栄養不良の問題に取り組むネスレの教育プログラムを受けた子どもは、現在まで一〇〇〇万人を数える。

二番目の取り組みは、コートジボワールの最大都市アビジャンにおけるR&Dセンターの開設。アフリカ農村部の開発に対するネスレの姿勢を打ち出すものだ。このセンターの目的は、キャッサバやトウモロコシ、コーヒー、カカオ、穀物などの農産物の開発と改良のための新規研究プログラムを通じて農業の生産性を高め、西アフリカにおける食料供給を確保することだ。

三番目の取り組みは「ネスレCSV賞」。最高五〇万スイスフラン（約六五〇〇万円）の賞金を隔年、栄養、水、農業・地域開発に関する革新的な解決策を提案した個人やNGO、中小企業に贈る。

ネスレの工場と従業員の半数が途上国にあるため、およそ二四〇万人がネスレのサプライチェーンの中で生計を立てている。二〇〇八年、ネスレは世界中のおよそ六〇万人の農家を対象に、貧困の克服、サプライヤーとしての向上、経済的ポテンシャルの向上のために、総額二七〇〇万ドルを少額融資として提供した。

ブラベックは、一連の金融危機は、次の経済原則が正しいことを再び証明しているという。つまり、「人々の利益のために働かなければ、そして手抜きをして人々を危険に晒せば、株主をも失望させます。企業が長期にわたって発展するには、株主価値と同時に公共的な価値を創造しなければなりません。ネスレでは、これをCSVと呼び、事業運営の中心的理念と捉えています」。

二〇〇九年四月二八日、ニューヨークで開催されたCSVフォーラムで、ブラベックは閉会の挨拶として次のように述べた。

「まず、私たちがどのようにしてＣＳＶというテーマにたどり着いたのかお話ししましょう。すべては、二〇〇五年にダボスで開催された世界経済フォーラムの年次総会から始まりました。各界のスターたちが集まり大きく取り上げられたので、覚えている方もおられるでしょう。

会議では、企業の社会的責任（ＣＳＲ）がおそらく最も重要なテーマでした。そのような会議ではよくあるように、議論が少し勢いづいてきたと思ったら、あっという間に全員が『社会に還元しなければいけない』という考えに同調し始めたのです。このときシャロン・ストーンさんが立ち上がり、二分もしないうちに、私の仲間の経営者たちの罪悪感をついて一〇〇万ドルほどのお金を集めてしまいました。

私はそれには参加しませんでしたが、最後に立ち上がってこう言いました。『ご存じのように、私は社会に還元しなければいけないとは思いません。何も奪ったことがないからです。私は企業活動を通じてすでに社会のために価値を創造してきたと信じています』

ここで二〇〇五年世界経済フォーラムの最終セッションが終わりました。一〇〇万ドルの資金が集まり好印象を与えたし、確実に有効に使われるだろうと思う一方、これがＣＳＲの正しい方向だとは私には思えないのです。非常に限られたことしかできませんし、興味深い反響をいくつか受けました。『ウォール・ストリート・ジャーナル』紙は、『力のない経営者に、株主のお金を慈善活動に使う権利を与えるべきではない』と述べています。私たちも投資家説明会などで過激な反論を受けました。ですが一部の主要な株主から、ネスレは慈善活動に関与しているのか、Ｃ

SRの枠組みにおいて何を行っているのか、という質問を受けました。

ダボス会議が与えたインパクトは大きく、私もネスレの社会的役割について考え直さざるを得ませんでした。言うまでもなく、企業は、そもそも社会がなければ経営しえない。ですから株主や投資家の他に、社会に対しても責任があります。両方に責任を負っているのです。

そこで、事業をどのように営むのかが極めて重大な問題となりました。CSVの概念を提唱するポーター、クラマー両教授と話を始めたのはこの頃です。この概念には、CSRとそれに対応するビジネスリーダーシップの両方が含まれていたため、試してみたかったのです。

ネスレの企業活動で私たちが最も気にするのは、拠点を置く各国の法律や規制です。私たちのバリューチェーンのトップには持続可能性があります。なぜなら、ネスレは過去一四〇年だけでなく、次の一四〇年も存続しなければならないからです。そして持続可能性は、CSVの概念に根ざして初めてバリューチェーンのトップに存在できるのです。

このことに気づき、三年間ポーター、クラマー両教授と議論を重ねた後、中南米でネスレが本当に共通価値を創造しているのか、長期にわたって現地とその価値を共有しているのかを調査してもらいました。

私たちのCSVの概念をこのフォーラムで紹介するまでに三年かかりました。それが短期的なものでも、注目を集めたいがためのものでもないことは明白だと思います。それは私たちの長期的な義務であり、すなわち一年や二年や三年のことではなく、一〇年や二〇年のことです。

今の地点に到達するまで三年かかりました。ＣＳＶの長期的な義務は私たちの企業文化の一部となり、世界二八万三〇〇〇名の社員がそれに基づいて意思決定を行います。これは特に重要な点です。なぜなら、ネスレは分権的な意思決定をとても重視しているからです。ＣＳＶの考え方を企業文化に埋め込むことができて初めて、日々の業務で生かし続けることができます。私たちがＣＳＶに到達したのにはそういった背景と理由があり、だからこそこれほど熱心なのです。

もう一つは、私たちの優先順位のつけ方です。これまで経済と社会の間のさまざまなつながりにあまり焦点を当ててきませんでしたが、栄養・健康・ウエルネス分野では食物が事業の主要な柱の一つとして浮かび上がりました。もちろん水も重要です。ウエルネスは、きれいな水なしでは存在しえないもので、持続可能性と密接なつながりがあります。

第三に、農村地域の六〇万人の農家との関係も非常に重要です。世界で最も厳しい貧困が見られる農村部の発展はとりわけ重要です。私たちが単なる課外活動としてではなく、事業活動の一環として積極的に関われる領域です。私たちは毎日その現場にいるのです。栄養、水、農業・地域開発はしたがって相互に密接につながっており、今日のフォーラムをはるかに超える何倍もの影響があるでしょう。

民間企業にとって非常に難しいステップの一つは、政治のプロセスや政治決定にも影響を及ぼすことです。ですが、このフォーラムに出席している人々は、それを的確に行う経験と十分な信用をお持ちだと思います。

このフォーラムで私たちがやりたかったことは、ＣＳＶにおける経済界の役割を明らかにし、栄養、水、農業・地域開発という三つの重要なテーマに注目を集めることでした。それは達成できたと思います」

信用は具体的な行動からのみ生まれる

「企業は社会に何らかの還元をしなければならない」

ブラベックは、この言葉にちょっとした苛立ちを覚える。かつてよく聞かされたが、言っている本人がわかって言っているとは思えなかった。一見正しく聞こえるスローガンを繰り返すのは、きっと群集心理か何かなのだろう。

「何を社会に返せばいいのでしょうか」とブラベックは言い放つ。

「私は社会から何かを盗んだり奪ったりしたことはないし、もらったこともありません。成功している企業として大勢の人に働き口を与え、福利厚生を含め、他社よりも高い給与を支払っています。サプライヤーとも他社よりよい条件で取引しています。当社だけが適正な値段で買っていることも少なくありません。原材料を加工して顧客に製品を供給していますが、できるだけ使う資源を少なく、可能な限り効率的に、環境に配慮して行っています。企業が社会に対して負う義務は、基本的に雇用の創出と、有益な商品を合理的に生産することだけです」

しかし、「社会への還元」という表現の裏には何かが隠されている、とブラベックはいう。特に欧州では多くの経営者が守りに立たされ、広報アドバイザーの美辞麗句にますます感化されている。残念なことに、彼らは自分が何を発信しているのかあまり気にしていないのだ。

「信用と信頼を取り戻さなければならない、と言って、コーポレートガバナンスやCSRのルールを増やせば実現できると思い込んでいる人が多いようですが、信頼は机上のルールからは生まれません」とブラベックはいう。

信用は、具体的な行動を通して得るものだ。謙虚さ、正直さ、率直さ、考え方や話す言葉の明快さ、実行力は、企業のコアコンピタンスであり、それを認識し、日常の中で実践しなければならない。

米国にありがちな慈善活動は、個人としては正しく分別あることのように思えるかもしれないが、慈善事業への投資は経営者の仕事ではない。なぜなら、提供しているのは自分のお金ではなく、株主のお金だからだ。公共の利益となり、企業として合理的な投資しか正当化されない。

株主価値についていえば、ネスレの株式の多くは、ネスレへの投資によって加入者の年金を確保しようとしている年金基金が保有しているため、企業の業績と多数の被保険者の老後とが直接的につながっているのだとブラベックは強調する。

同じようによく使われるもう一つの浅はかな概念が「フェアトレード」だ。あたかも他の商品取引がすべてフェアではないかのような印象を与える。「何かを返す」という考え方と同じように、そこには企業は搾取し、社会に害を及ぼすものだという前提がある。これもまた自由貿易の必要性と重要性を見えなくする言葉だ。

市場経済は、常に勝者と敗者のいるゼロサムゲーム、場合によってはマイナスサムゲームに見られることが多い。企業活動が社会のすべての人を勝者にもできることを想像できない人は多い。それは企業が払う法人税のことだろうと思う人は、全体図のほんの一部しか理解していない。企業は価値創造のためにある。言い換えれば、資源を減らすためではなく増やすためにあるとブラベックはいう。この文脈においてもう一つの概念がある。競争だ。ブラベックは、「激しい競争は、私たちと世界を持続的に豊かにしてきた主な要因であり、これからもそうだ」と断言する。それでも競争に対する不安は高まっており、競争力の話をすると疑いの目で見られる。

競争力を維持するには、個々のたゆまぬ努力、企業の柔軟性、国内レベル・国際レベルの両方での改革が必要だ。それは単純に変革、向上、移り変わる状況への適応を意味する。そう考えると、なぜ競争できない、またはしたくない人がいるのか、なぜ多くの人が変化を痛みと感じるのかがわかるだろう。

競争は一般的に職、個人の地位、繁栄に対する脅威だと考えられている。しかし、むしろ競争やそれに伴う差別性（報酬や業績を含む）の拡大を、人々に自分自身への責任、自分たちの将来を築く責任を持たせる一つの方法として捉えるべきだ。競争力は、個人の意識から生まれる。つまり単純に言えば、現状を改革し、新しいアイデアやイノベーションの実現を可能にすることによって質的な成長を生み出すことだ。

市場経済の基本原則としての競争に対する懐疑主義は、欧州で特に激しい。ブラベックも出席している欧州産業円卓会議（ＥＲＴ）は、欧州一八カ国の多様な産業・技術企業大手の経営者四七名が参加するフォーラムだ。各社の年商を合わせるとおよそ一兆六〇〇〇億ユーロ、従業員は世界で約四五〇万人に上る。ＥＲＴの狙いは、欧州企業の競争力の促進だ。

ブラベックは、ＥＲＴを欧州の非常に重要な機構だと考えている。その使命の一つは、欧州の競争力を擁護することであり、そのためには建設的な政治的役割を果たさねばならない。ただ、「いつも成功しているかどうかは別問題」とブラベックは認める。

「それについては言及を避けるべきでしょう。私たちが成功したと言えるのは、欧州の競争力が著しく向上したときだけで、私は向上しているとは思わないからです。欧州とその企業が長期にわたって競争力を維持したいと思うならば、別の自己像、別の自己イメージが必要だと思います」

透明性の高い企業を目指すネスレ

一九六〇年代後半以来、ネスレほど幅広いステークホルダーから厳しく批判された多国籍企業はないだろう。数十年間にわたる非難によって人々の頭に偏見が植えつけられてしまっているように思える。それに加えて、問題は不正行為やその疑惑ではなく、ネスレが批判や批判者に対して取った行動だった。

内部関係者はこう述べている。「企業は大きくなるほどどんな問題も内部で解決できると頑に信じるようになります。ですが、内部から変えることのできない唯一のもの、それは外からの企業イメージです。できることは、非常に高度な透明性を実現することだけです」。ネスレとステークホルダーとの間で相互理解が本当にゼロになっていたのだろう。突破口となったのは、ブラベックが国連グローバル・コンパクトの九つの原則を、ネスレの経営理念として不可分のものとしたときだった。

グローバル・コンパクトは、一九九九年に世界経済フォーラムのダボス会議中に、コフィ・アナンが提案した価値志向のプラットフォームだ。現在は、五〇〇〇社以上の企業の他、労働者や人権、環境、開発などの問題に取り組む世界中の機関が参加している。二〇〇一年にコフィ・アナンが定めたように、この原則は、まず何よりも何が効果的で何が効果的でないかについて、集中した対話と学びと経験の交換を行うことが前提となっている。

ブラベックは、関係する人々、つまり途上国のネスレの従業員、サプライヤー、パートナーとしてネスレと仕事をしている人や、現地でコミュニティ活動を行っている人とこの対話をすることにした。ネスレの二〇〇三年の年次報告書には、初めて国連グローバル・コンパクトへの参加が明記された。

二〇〇七年、ネスレは外部のステークホルダーと初めて公式な会議を開催し、CSV戦略やさまざまな重要テーマに対する具体的なフィードバックを受けた。以来、国連のグローバル・コンパクトの原則とミレニアム開発目標の実行がネスレの年次報告書に記載されている。

ネスレは、二〇〇五年にはすでに全社的監査プログラムを導入している。三つの独立国際認証機関が現地の法律とネスレの経営指針への順守を監査するものだ。プログラムの名称は、「人材、職場の衛生と安全、健康、環境とビジネスインテグリティのコンプライアンスアセスメント」(CARE：Compliance Assessment of Human Resources, Safety & Health, Environment and Business integrity) という。現在、自ら定めた基準と外部機関による監査によって、ネスレはステークホルダーの要求をはるかに超える対策を講じている。

column

画一的な解決策ではなく、思考を促す

——国連官民連携プログラム代表 アミル・ドサルに聞く

アミル・ドサル。一九八五年、一五年間にわたって複数の企業でリーダーシップを発揮した後、国連に入り、新規イニシアチブを率いる。国連パートナーシップ事務局理事として、現在国連の官民連携プログラムの代表を務める。児童の健康、女性、人口、気候変動、生物多様性などの分野の四五〇以上のプログラムやプロジェクトの資金援助を行っている国連国際パートナーシップ基金を担当。二〇〇五年、民主化途上にある国々の民主主義制度の強化及び政府の支援を目的とする国連民主主義基金（UNDEF）が創設される。二〇〇六年、開発格差を克服するための紛争国支援を行う平和構築支援事務局（PBSO）を初めて設置。二〇〇七年、エネルギー、環境、運輸、観光分野への海外投資の強化を促進するための経済諮問委員会を創設する。

——初めての出会いはいつですか。

「四、五年前です。ネスレは国連の活動、特にミレニアム開発目標（MDGs）の達成を支援する最善の方法について当時のコフィ・アナン事務総長と話し合っていました。ピーターからネスレがCSRを実行に移すための具体的なアイデアを求められました。初めて会ったときから、彼が人類のために力を尽くしたがるダイナミックなリーダーだということがわかりました」

――共同で行った活動やプロジェクトの中で、特に記憶に残っているものはありますか。

「ネスレは、ピーターのリーダーシップの下、まさしくグローバルなブランドであり、MDGs達成のために支援スタッフやネスレ製品を投じる約束を守り続けています。我々は、戦略的観点から、ネスレがそうした課題や問題にどのように対応すべきかについて助言しています。例えば、ネスレの製品ラベルを利用してMDGsの達成に役立つメッセージを伝える方法を検討しており、病気を予防する健康的な生活習慣への喚起を促したいと考えています。

また、ネスレはアフリカで素晴らしい農家支援を行っています。品質の高い乳製品を生産するために農家を指導し、農家の収益力を高めています。それが最終製品の品質向上につながり、不良品の回収も減るため、ネスレにとっても利益になっています。このように、アフリカの農家とネスレはウィン・ウィンの関係にあるのです。これが彼らの推進するCSVのコンセプトです。二〇〇九年にネスレはニューヨークで会議を主催しました。このコンセプトを企業の普遍的な目標として発表するという前例のないものでした」

――CSVの未来に何を期待しますか。

「CSVだと謳っていなくても、多くの企業が採用すべき新たな企業文化モデルだと思います。

ポーター教授はあらゆる企業に埋め込まれるべきだと提唱してきました。一方通行ではなく、人々が知識や経験を持ち寄って互いの強みを共有するプラットフォームであるという理解を深めることが必要です。協力し合えば、より人道的で対応力のある社会を作ることができるはずです」

――CSVに関する打ち合わせで具体的な成果は見られましたか。

「単独の問題ではないですね。打ち合わせの後、何社かの企業がこのコンセプトを社内に取り入れたいと興味を表明しました。すでに実行している企業もあれば、具体的な活動にどうつなげていくのかを模索している企業もあります。このコンセプトは初期段階にあり、意識転換が起こっている最中ですが、今の経済環境においては緊急に求められているものと見ています。

ピーターはネスレを、社会的責任を果たすオープンでグローバルな企業にするという責務を全うしようとしています。業界で大きな発言権があり、世界最大のコングロマリットの一つであるネスレが食品飲料業界の同業他社を巻き込めば、変革を起こせるでしょう。ピーターがリーダーだからこそできることだと思います。

そして彼は業界のみならず、グローバル市民として非常に尊敬されています。その概念をネスレ単独の課題ではなく、すべての人が関与できる取り組みへと拡大する力を持っています。社会のためになることを、しかも首尾よく実行できるのです。我々は財務利益のことだけを考えることはできない、人々の、特に恵まれない人々の生活をどのように改善できるかを考えなければならないのです」

――ネスレとNGOの関係についてはどのようにお考えですか。一〇年前、ネスレはNGOと衝突（ネスレが後述のWHO基準を順守すると表明したにもかかわらず違反したため不買運動が起きた）しており、ブラベックは解決策を探っていたようですが。

「ネスレにとって母乳代替品（小児用ミルク）の問題は重要であり、それは我々にとっても同じです。最大の懸念は、母乳代替品のマーケティングです。ユニセフや世界保健機関（WHO）といった機関は、それよりも母乳栄養を最初に励行すべきだと主張しています。特にユニセフは、母乳栄養がかなわないときにのみ代替品を認めています。

中には断固として譲らないNGOもあり、企業が強力に粉ミルクを売り込むと、子どもを母乳で育てる機会を母親から奪うと言うのです。それが一番大きな争点になっており、マーケティングに関する合意には達したものの、業界のすべての人が納得したわけではありません。

ユニセフからの指示で、母乳代替品のメーカー数社を集めて、どうしたらそのような製品の宣伝・販促における規範やガイドラインを導入し、同時に母乳の重要性を推進できるのかを検討しています。現在ではユニセフとネスレの間には何の問題点もないと思います。

WHO『母乳代替品のマーケティングに関する国際規準』の起源は一九八二年まで遡ります。

この規準には、この問題の取り扱い方や、企業がどのように母乳代替品を宣伝・販促すべきかに関する具体的な推奨事項が記載されています。母乳栄養の重要性を最優先し、母乳栄養ができないとき、またはそれが子どもの健康によくないときに代替品を使用する。業界が足並みを揃えるよう、我々はユニセフとＷＨＯと連携した働きかけをネスレにお願いしています。

しかし、これは一部の人権活動家にとって異論の多いトピックであり、企業が金儲けしか考えていないとするＮＧＯが強固な立場を取っていることは無視できません。ネスレのような企業は、『母子の健康が第一であることは十分に理解している。マーケティングのためのマーケティングをしているのではない』と言いますが、ＷＨＯの行動規範は、母親に母乳栄養の大切さをどのように客観的に伝えるかを規定しています。

業界は、ミルク缶に幸せそうな乳幼児の写真を使用することを禁止するなど、厳しい宣伝規準を採用する必要があります。規準はまた製品の無償サンプルの配布も規制しています。ピーターは、この改革の先駆者のような人です。実際、ネスレのホームページを見ると、この件に関する記載をかなり見つけることができます」

――ブラベックはＭＤＧｓの強力な擁護者とのことですが。

「行動を起こすことも必要ですが、人に行動を促すことも必要だと我々は感じています。業界のキャプテンには重要な役割があります。つまり人々に問題点に気づかせ、必ずしも自らのモデルを推さずに、現状を変えるためのアイデアを提供することです。ピーターはその模範のような人です。どのような環境にあっても、一番難しいのは、自分がすべての答え、すなわち、すべての解決策を持っているとは言わないことです。他の人の考えを聞くことが必要なのです。協力によって何ができるか考えよう、というのがずっと変わらない彼の姿勢です。つまりMDGsは全市民の責任だと。彼はMDGsに関して尊重される貴重な発言者であり、現にその話題をよく取り上げています。彼のリーダーシップの下で、ネスレはネスレの本業だけに専念しているのではなく、そのグローバル展開力を生かして人間の基本的なニーズに対する解決策を見つけようとしています。その一つがピーターの『CEOウォーター・マンデート』（水資源問題の解決に向けて取り組む官民イニシアチブ）へのコミットメントです。

この件を私のような者よりも、ピーターのような人が提唱したほうが、具体的な行動に結びつけようとする人々に届きやすいでしょう。彼はMDGsの達成に向けて、ネスレだけでなく、他の人々がどのように貢献できるのか、具体的な解決策を示すことができるのです」

――最後に付け加えるべきことはありますか。

「非常に重要な点――カギとも呼べるものがあります。それは、彼が今の栄光に満足していないことです。彼の主張は明快です。答えを持っているとは言わず、アイデアをいくつか与えて考えさせ、それを使ってすごいことをやってのけるのです。すべての人が自分のライフスタイルや仕事に基づいて自分なりのモデルを作り、実行する。それは非常に重要なことです。自分のやり方を人に押しつけることはできませんが、各人に創意工夫を促すことはできます。

ピーターは、人の力を最大限に引き出すことが飛び抜けて上手い。他の人はたいていこう言います。『自分は解決策を知っている。答えを持っている。言う通りにやりなさい』と。ピーターは違います。我々はこのようにやっているが、他の人もいい仕事をしている、我々より優れたアイデアを持っているかもしれない、だから協力したらどうか、互いの経験や知識から学ぼう、と。そこがピーターの素晴らしいところだと思います。彼は真のグローバル市民であり、人道主義者であり、人の鑑です。世界をよりよくするには、ピーター・ブラベックが何人も必要です」

column

力を合わせれば全員が勝者になれることを証明した

——ハーバード・ビジネス・スクール教授 マイケル・E・ポーターに聞く

マイケル・E・ポーター。一九四七年生まれ。プリンストン大学で航空宇宙機械工学を学び、ハーバード大学で経営学博士号を取得。二六歳にしてハーバード・ビジネス・スクールの経済学教授になり、一九七一年に新設された戦略競争研究所の所長に就任。戦略経営における世界で最も優れた経済学者の一人。戦略と競争力に関する研究で有名。米国や国際的な大手企業の競争戦略について助言し、外国政府のコンサルティングも行う。

——最初に会ったのはいつですか。現在はどのような関係にありますか。

「五年ほど前に初めて会い、ネスレについて話やミーティングをする中で親交が深まりました。真の先駆的思考の持ち主であり、社会における企業の役割を構築する実行力がある人だと思います」

――企業活動の社会や環境への影響を改善する取り組みにおいて、何が問題であり間違いだったのでしょうか。

「企業が犯す一番の過ちは、社会や環境に与える影響を、自社の戦略強化や他社との差別化のチャンスではなく、コストや事業運営の足かせだと捉えることです。またCSR活動と本業とを区別し、事業の中核ではなく、広報やイメージの問題として考える傾向があります。そのため、事業活動のマイナス影響を減らすことにばかり注力し、社会的価値をそこに加えることで社会との関係を向上させ、競争力を高める機会を逃しているのです」

――ネスレのCSV活動やプロジェクトの中で他社の模範になるものはありますか。

「たくさんあります。味には妥協せずに栄養価値を高め、脂肪分を減らす継続的最適化という同社の基本戦略自体がCSVの模範例でしょう。これによって同社の競争力が高まると同時に、顧客の健康を増進します。また、栄養不良の子どもや高齢者など特定の人々の栄養ニーズに応える機能性食品も作っています。

ネスレには、中国やインド、アフリカ、中南米の途上国のコーヒーやカカオ生産、酪農の部門で数多くの取り組みがあります。ほんの一例ですが、ネスプレッソ事業部は、現地のコーヒー豆栽培農家を巻き込んで原材料調達方法の改善を行い、CSVを実施しています。ネスレネスプレッソは、従来の調達ルートでは、必要とされるオリジナルで高品質なコーヒーが安定して供給されないと判断しました。そのため農家や地域の協同組合に直接働きかけ、ネスプレッソ事業部だけでなく農家にも利益のあるCSVを行いました。

ネスレは、NGOレインフォレスト・アライアンスと連携してより持続可能な農業技術を農家に指導し、地域の農業組合と連携し農家の生産性向上プログラムを実施しました。また、新しい品種の種苗や農薬、肥料を提供し、収量を大幅に増加させました。ネスレの農学研究員は、最も成績のよい農家を調査し、他の農家が見習えるようにしました。組合が共同で湿式製粉施設を持てるようにし、テストグラインダーを供給して店頭でコーヒーの品質をチェックできるようにし、より高品質なコーヒーを店で販売できるようにしました。ネスレはネスレネスプレッソでより持続可能で高品質な専用コーヒー豆の供給、農家は収入の増加と自分や家族の生活の向上によって利益を得ています。そして地域社会は、環境負荷の低減によって利益を得ています」

――ネスレが今後新たにCSVを実施する機会についてどのようにお考えですか。

「ネスレが全社にわたって本業とCSVとを完全に結びつけ始めたのは最近のことです。企業戦略とCSRとの統合アプローチが全社のマネジメントに深く埋め込まれるにつれて、ローカルやリージョナルなレベルでCSVを実施する新たな機会が次々と出てくるのではないでしょうか。会社としても、時とともに従来のCSRや慈善活動の出費とCSVの機会とをうまく整合できるようになると思います」

――企業の社会貢献を促す世論の圧力についてはどのように評価していますか。

「企業に対する世論の圧力には建設的な側面もあれば、有害な部分もあります。プラス面で言えば、ほとんどの企業は、今CSVで先駆けている企業を含め、企業活動の社会的影響を意識し始めるようになったのは活動家組織からの圧力を受けたからです。それまで見過ごしてきた事業やサプライチェーンの社会的側面に、正面から向き合わざるをえなくなったわけです。

しかし、世論の圧力には少なくとも二つのマイナス面があります。第一に、一般の人々は、必ずしもすべての社会問題や企業の本当の行いについて正確に知っているわけではありません。グローバル企業を悪者にして攻撃するのは、非営利団体が資金を集めるための効率のよい方法であり、フェアでなく行き過ぎている場合も多いのです。実際に、非常に革新的な企業の取り組みが妨害されることもあります。第二に、世間の非難を受けることで企業が本業による実質的なCSVではなく、広報キャンペーンやサステナビリティ報告書など、見た目のCSVに注力するようになることです。

全体として、NGOが対立ではなく、共通価値の考え方に立ってくれたら、影響力が増し、企業ももっと社会貢献をするようになるでしょう」

――グローバル経済、グローバル社会におけるネスレ、そしてブラベックの役割とは。

「ネスレは、世界中の零細農家や工場労働者に経済的機会を与え、技術革新や数十億人を養う食品の栄養価を通じて、経済界と社会を結びつける主導的な立場にあります。長期的展望や三〇年戦略計画に基づいて経営されるネスレは、短期的なご都合主義より一貫性が大事なことを理解しています。ネスレは、健全な企業市民の模範になっているのです。

ピーターは、自ら数々の重要な社会問題の最前線に立ってきました。飲料水の問題や、CSV運動についてもです。持続可能な開発のための経済人会議やダボス会議などのフォーラムで、そのリーダーシップによって世界の経済界の耳目を集めました。

またCSVを推進し、調査プロジェクトや諮問委員会、国際的な会合の後押しをして、その概念への注意を喚起しました。社会貢献の主体というピーターの企業観によって、企業責任のかたちが変わりました。企業がもたらす害ではなく、世界中の人々のよりよい暮らしのために企業が生み出す機会へと焦点が移ったのです」

column

他者を犠牲にした繁栄はあり得ない

――ノーベル平和賞受賞／元国連事務総長 コフィ・アナンに聞く

コフィ・アナン。一九三八年、英領ガーナ生まれ。一九五八年、故郷の町クマシで経済学を学び始め、ミネソタ州セントポールにあるマカレスター大学に転入、一九六一年に卒業。その後、ジュネーブ国際問題高等研究大学（HEI）で学び、一九七二年、スローン・フェロー（企業派遣MBAプログラム）としてマサチューセッツ工科大学経営大学院を卒業。

一九六二年、国連世界保健機構（WHO）に入る。一九七四年から一九七六年までガーナ観光振興会社の取締役を務めた後、国連に戻り、事務次長補などさまざまな役職を務める。一九九四年、PKO担当事務次長に就任。ただし、五カ月間は旧ユーゴスラビア担当国連事務総長特別代表を務める。

一九九七年一月一日、国連事務総長、二〇〇一年六月二九日、再選され、二期目（五年後の二〇〇六年末まで）を迎える。二〇〇一年、国連と共にノーベル平和賞を受賞。

二〇〇七年、コフィ・アナン財団を設立し、積極的役割を担い続けている。財団の三つの主な目的は、世界の重要な問題に対する社会の認識の向上と建設的解決策の促進、助言や調停による平和維持への具体的貢献、他の組織の活動の支援である。

そのためビル＆メリンダ・ゲイツ財団とロックフェラー財団からの資金援助によって二〇〇六年に始まったイニシアチブ、アフリカ緑の革命同盟（AGRA）の会長を引き受けた。同盟は、今後一〇年から二〇年でアフリカの農業生産量を二倍から三倍にすることを目標にしている。コフィ・アナンは、自らの影響力と経験をグローバルな問題の解決に役立てたい著名人たちから成る「The Global Elders（世界の長老たち）」を立ち上げた一人でもある。また、よく知られるアフリカ進捗パネル（APP）の議長でもある。

――お二人の出会いについて教えてください。

「彼と初めて会ったのは九〇年代後半、世界経済フォーラムでした。経営に対して新しい考え方をする方だということがわかりました。頭が柔らかく、誰とでも気軽に話ができる。それはリーダーやマネジャー、政治家には極めて重要な資質です。相手が抱えている問題にいち早く気づき、解決することにつながるからです。ピーターのような社交的な人は、優れたビジネスリーダーです。当時から着実に出世しており、トップまで上り詰めたのも驚くに当たりませんでした」

――今の関係についてはいかがですか。

「二人とも世界経済フォーラムのボードメンバーですので、定期的に連絡を取り合っていますし、会議にも出席します。社交的な集まりでも時々一緒になりますし、相談したい問題があるときにはお互いに電話します。ご存じのように、『グローバル・コンパクト』イニシアチブを始めたのは私ですが、彼はそのコンセプトをはじめ、社会的責任というコンセプトを早くから支持してくれた一人でした。ネスレはグローバル・コンパクトに参加した初期メンバー企業の一つですが、その社風に拠るところが大きいと思っています」

――他に早い時期にグローバル・コンパクトに参加した企業はありましたか。

「一年目か二年目には二〇〇社ほどが参加しており、ネスレは間違いなく初期グループに入っています。ネスレはCSRへの関心を持ち続け、コミットメントを深めてきました。グローバル・コンパクトを同社の行動規範の一つにしているのです」

――他社もネスレのように、企業理念の一つの柱にしたのでしょうか。

「賛同だけの企業もあれば、ヘンケルやドイツ銀行のように企業理念に取り入れ、年次報告書に記載する企業もありました。ネスレも早かったですね」

――ブラベックと共同で行った活動やプロジェクトで印象に残っているものは。

「プロジェクトではありませんが、一時、ネスレとユニセフとの間に誤解が生じたことがありました。ピーターとユニセフのキャロル・ベラミー事務局長とが会って話したのを覚えています。そこでお互いの見解の違いを乗り越えて、その後の協力関係につながったのです。私が両者の話し合いを取り持ちました。以前、マウハーにも同じことをしたことがあります」

――CSVはこの先一般的に受け入れられると思いますか。

「はい。受け入れる以外選択肢はないでしょう。この世界は協力し合うことによってしか繁栄できません。運命を共にしているのです。他者を犠牲にして繁栄することは不可能であり、安心・安定を得られない。気候変動を考えれば特にそうです。自然環境に責任を持たなければ繁栄できません。自分が暮らし、儲けている社会に対して敏感でなければ、長期にわたって発展など望むべくもない。

企業は、国が法律で定めなくても、村の飲料水を汚染してはならないと承知すべきです。自ら労働者に適正な賃金を支払うべきです。自発的に地球の資源を持続可能な方法で使用すべきです。ときに、明日がないかのように、次の世代が続かないかのように、資源を搾取している企業がありますが、私は、ネスレや一部の企業の考えているCSRがこれから進むべき道だと思います」

――一部の企業とは。

「同じ業界のユニリーバや、先に挙げたドイツ銀行など多数あります。実はもう一つ『責任投資原則』というイニシアチブを立ち上げており、多くの大手金融機関が署名しています」

――ネスレは、生産・販売拠点を持つ国のほとんどで、その国の栄養基準の影響を受けています。国際基準に関してネスレはどのような役割を果たすべきでしょうか。

「言うまでもなくネスレは国際的な大企業ですし、国が違えば法律も変わり、それを順守しなければなりません。しかし、それと同時に、企業が順守しなければならない最低限の国際基準があります。特にグローバル・コンパクトに署名したならば、責任ある正しい取引を期待されますので注意が必要です。国内・国営企業として、その国の法律を守り、その国の発展につながるように会社を運営し、可能な限り現地のサプライヤーと取引して、発展と成長の機会を与えます。

ネスレはその分野を牽引する企業の一つです。グローバル・コンパクトを作った際に、自発性と同時に透明性を掲げました。それを不満とし、法制化して強制力を持たせるべきと主張するNGOもありましたが、国連にそのような強制力はありません。けれども、透明性は非常に効果的なツールです。大企業が導入していると表では言いながら、従業員が否定したとしたらどうでしょう。透明性というアプローチは、すべての人を正直にさせる力強い方法なのです。強制するばかりがすべてではないのですが、それを理解しないNGOもあります」

――ネスレとNGOとの関係はどのように推移してきたのでしょうか。その過程でブラベックが果たした役割は。今後のNGOの重要性についてどのようにお考えですか。

「最初のご質問にはお答えできませんが、彼が柔軟な考えの持ち主であるがゆえに、NGOとの接点が多いのではないかと思います。もう一つ付け加えますと、NGOは今やどの国でも非常に重要な役割を担っており、ダイナミックというより頑強なNGOコミュニティが形成されつつあります。組織化され、抜け目がなく、政治家に気を抜かせず、社会で重要な役割を演じています。

そしてNGOは、先進国だけでなく途上国でも拡大していくと思います。いずれ相互につながり、国際的なムーブメントになって大きな力を持つ可能性があります。NGOの強力な支持なしでは、地雷禁止条約を成立させることもできませんでした。国際刑事裁判所の設立も、NGOの非常に強い後ろ盾があったおかげです」

――グローバル社会の発展に向けてネスレが担う役割とは。

「ネスレのような企業には、現在だけでなく今後も重要な役割があると思います。近年の食糧危機と価格高騰は誰もが記憶しているところです。世界人口は六〇億を超え、すでに養いきれていません。二〇五〇年には九〇億人になると予想されており、どうすればそれだけの人を養うことができるでしょうか。ネスレが行っているような食品加工や取り扱いに関する研究は、今後ますます重要になってくるでしょう。

食品メーカーには革新性が必要です。この地球で増え続ける人口を養えるよう、生産者や農家と連携し、工夫を重ねなければなりません。ピーターのようなリーダーたちはその課題を十分に承知していると思います」

――ネスレは二〇〇九年四月にニューヨークで国連と共同でCSV会議を開催し、CSV賞を発表しました。各国政府や他社はどのように反応していますか。

「実は、CSV賞についてはあまりよく存じません。共通価値はとても重要だと思いますし、国レベルでも地域レベルでも、地域社会は共通価値によって結束していると言えるでしょう。共通価値は必要であり、企業も政府もそのコンセプトを認めています。多くの政府が社会的責任に賛同しています。国ができることは限られており、官民連携によってできることが多いことに早くから気づいている国もあります」

――ブラベックについて、最後に付け加えるべきことは。

「彼は非常に現代的であり、視野の広い人です。若い頃から海外で仕事をし、皆、同じ世界で暮らしているということに気づきました。異文化に対する理解があるため、人に対して壁を作らないのです。今や、経営者はローカルな考え方だけではやっていけませんので、そういう意味で見習うべき経営者です。スイスやドイツでの取り組みが他国に影響を及ぼし、その逆も然り。リーダーや経営者は物事を広く考える必要があります。ピーターはそれを自然とやってのけます」

第6章

ブラベックの次なる使命

ネスレはウエルビーイング企業を目指すのか

Peter Brabeck's next mission

栄養不良より過体重が多い世界

「私の展望としては、いつかその名に恥じない保健サービスと保健省、言い換えれば、国民が病気にならずに健康を維持できるように最大限努力する機関ができることです」とブラベックはいう。「欧米には現時点では〝疾患サービス〟と〝不健康省〟しかありません。なぜなら今の医療は、国民にとって重要ではあるけれども、病気を治す修理屋でしかないからです」

ＯＥＣＤ諸国における予防医療に関わる支出の割合は、二〇〇四年で国民医療費全体のわずか三％であり、明らかに小さすぎる。豊かさの増す工業国や新興国では今後数年間で慢性病が劇的に増加すると専門家は見ている。プライスウォーターハウスクーパースは、予防保健プログラムを大幅に拡充しなければ、二〇一五年には世界全体の産出量のおよそ三％が糖尿病や心臓・循環器系疾患、腰痛などの「ぜいたく病」の治療に費やされるとしている。

二〇〇五年、慢性病による死亡者は、世界の死亡者の約六〇％を占めた。二〇一五年には、心臓病や癌などの慢性病を原因とする死亡者は、三五〇〇万人から一七％増の四一〇〇万人になることが予想される。それと同時に、感染病や栄養不良、不十分な治療による死亡者は三％減少すると予想されている。

長寿化がかつてないほど進み、西洋諸国で高齢者の割合が増加し続ける中、慢性病の発生率が急増することは当然予想される。肥満は正式には病気には含まれないが、脂肪症と呼ばれる重度の肥満は、人類の深刻化する問題の一つになっている。WHOは「二一世紀は肥満との戦い」だといい、保険制度の破綻を警告する。世界には過体重の人が一〇億人おり、そのうち三億人が脂肪症だと推定されている。

この世界には、栄養不足の人より過体重の人のほうが多い。WHOの計算によれば、米国人の二人に一人は過体重。ドイツでは女性のおよそ五割と、男性の六割が過体重で、過体重の子どもの割合は過去二〇年間で五割増えている。一九〇万人の三〜一七歳のドイツ人が過体重で、八〇万人が脂肪症だ。EUに暮らす青少年七五〇〇万人のうち、およそ三割の二二〇〇万人が過体重であり、五〇〇万人が脂肪症である。肥満は、米国と欧州に限らず、オーストラリアや中東、一部の太平洋諸島の問題でもある。中国やインドなどの新興国でも問題化しており、今後、過体重人口が著しく増えると予想されている。二〇一五年には、中国では米ドルで五五〇〇億、ロシア三〇〇〇億、インド二〇〇〇億超を慢性病の治療、休職などに関わる費用（購買力で調整）が発生する。

国民健康保険事業の厳しい予算と、おそらく政治的洞察力の欠如により、自社の従業員の健康を守るために自ら対策を講じる大手企業がますます増えている。ネスレでは、社員食堂で栄養バランスのよいメニューを提供するだけでなく、世界各地で社員向けの特別健康プログラムを実施している。ヴェヴェー本社では社員食堂の階下にフィットネスセンターが作られた。

栄養問題をいかに解決するか

ネスレは、栄養を健康の要因として最も重要だと考えている。健康は適切な栄養なしにあり得ない。栄養不良や慢性的な飢餓に苦しむ人々と、工業国の人々、両極の栄養の問題に対処しなければならない。

ミネラルやタンパク質の欠乏は、特に子どもの心身の発達に深刻な影響を及ぼす。栄養不良は数々の欠乏症や病気を引き起こし、命取りになる場合もよくある。世界で一日に二万四〇〇〇人が栄養不良によって死亡しており、そのうち一万三七〇〇人が子どもだ。

ネスレは、途上国や新興国の貧困層が栄養価の高い食品を低価格で食べられるようにすることを目標にしている。定番化した「手の届く価格帯の製品（ＰＰＰ）」シリーズを拡充しており、最新の栄養・食品技術によって安全で栄養価の高い製品を手頃な価格で提供している。現在、七〇カ国で三〇〇のＰＰＰイニシアチブが動いている。

こうした製品がはるか遠隔地にも届くことが重要だ。ネスレは、アジアや南米の数カ国に独自の流通網を構築し、現地の中小取引業者に直接製品を供給している。業者はライトバンやオートバイで農村部に製品を運ぶ。別の国々では、中間業者を介して各地の家族経営の小売店に販売したり、週ごとに開かれる市場やコミュニティセンター、その他の寄り合い所で消費者に直接販売したりしている。

そうした国々では、鉄や亜鉛、ヨウ素、ビタミンAなどの重要な微量栄養素が不足している人が人口の多くを占めている。そこでPPP製品を低価格の栄養サプリメントで強化し、最も深刻な欠乏症の緩和に役立てている。肉や魚や卵を買うお金のない人々が多いため、ネスレの研究チームは、冷蔵保存が不要な乳製品や、天然高カルシウム牛乳、サプリメントの素材開発に取り組んでいる。

アルゼンチン、バングラデシュ、チリ、モロッコ、パキスタン、南アフリカ、シンガポール、コロンビア、アルジェリア、太平洋諸島では、子どもの成長に必要なエネルギー、タンパク質、微量栄養素を強化した低価格のミルク製品が特別に開発された。それらには「ニド」、「ネスプレイ」、「キム」、「グロリア」、「サンシャイン」というブランドがつけられている。

ネスレは、民間では世界最大の食品・飲料研究プログラムを持っており、食品研究で世界をリードしている。二〇〇八年には、ほぼ二〇億スイスフラン（約一六〇〇億円）を世界二六カ所にある食品・飲料研究開発・技術センターと外部提携先に投じた。これらの施設は、各地の栄養ニーズや嗜好に対応したネスレ製品の開発に役立っている。例えば、中国では上海のR&Dセンターに加えて、最近北京に新たなセンターを建設、一〇〇人を超える科学者や技術者が中国の伝統的な食材が持つ潜在的な栄養価について研究している。

ネスレは、健康によく、付加的な栄養価を持つ価値の高い食品や飲料の開発・提供を目標としている。また、どの商品も消費者にとって魅力あるものでなければならず、常に既存製品をチェックし新製品を開発している。塩や脂肪など、多量に使用すると害のある原材料は低減している。

途上国や新興国だけでなく、工業国でも微量栄養素の欠乏が広まっており、どの栄養素が不足しているかは国によって異なる。欠乏症は基本的にどんな人の健康も害するが、健康リスクが特に高いのは高齢者だ。現在、介護施設の入所者の五割近く、病院の高齢患者の七割近くが栄養不良であり、脂肪症よりも高額な医療費がかかる。ネスレは、これらの人々のために栄養補助食品や、栄養不良とその予備軍がわかる診断装置を開発した。

これらの製品は、ネスレ ニュートリションのヘルスケア・栄養事業部が担当しており、同事業部では、癌など特定の疾患を持つ患者や胃腸障害を抱える子ども向けの製品、胃に挿入したチューブからの栄養補給に用いる繊維質が多くコレステロールゼロの代替食にも取り組んでいる。二〇〇六年末にノバルティスの医療用食品事業を買収すると、ネスレは米医薬品メーカー、アボットに次いで世界第二位の医療用食品メーカーに躍進した。

ネスレ ニュートリションの他の事業には、ベビーフード（二〇〇七年にノバルティスからガーバーのベビーフード事業を買収して強化）、身体的・精神的にトップクラスのパフォーマンスを求めるアスリートや運動量の多い人向けの機能性食品、体重管理がある。

一九八一年、ネスレは「リーン・キュイジーン」というブランドで低カロリーのインスタント食品を発売し、二〇〇六年にネスレ ニュートリションはジェニー・クレイグを買収した(二〇一三年に売却)。この新しい事業領域では、その人に合ったダイエットプログラムを提供する。カロリーや量がコントロールされた食品だけでなく、健康的なライフスタイルを送るためのカスタマイズされたエクササイズプログラムやアドバイスを、七〇〇のセンターの三五〇〇人の専門家から提供する。

「私たちが会社を健康企業に位置づけし直しているのは、倫理的な判断からではなく、商売上の判断です」とブラベックは認める。「健康というテーマは、食品業界で最も重要なイノベーションの波の一つだと考えています」。それまでの四〇年間、CSVを裏で引っ張っていたのは「利便性」だった。これからの二〇年は、健康効果を付加した製品が価値創造につながる。ブラベックには、取るべき長期戦略がはっきりとわかっている。「個人別栄養に移行しなければならないし、そこから個人別の予防的健康プログラムに発展させなければなりません」。その事業を立ち上げるには、より高い診断技術が必要になる。なぜなら、人間の遺伝子構造(遺伝的体質)と栄養と健康は相互に関係していることが一般的に確認されているからだ。

例えば、住民が必要なエネルギーの九割を米や穀物などの炭水化物から得ている社会では、脂肪三割、炭水化物三割、タンパク質三割という地中海ダイエットは適していない。そのようなダイエット法は日本人には必ずしも合わないし、エネルギーの九割以上を脂肪から得ている北極圏の先住民にはけっして合わない。ある社会の住民全体に当てはまることは、一般的に個人にも当てはまる、とブラベックはいう。乳糖アレルギーの人には、他のアレルギーや体重の悩みを持つ人とは異なる形態の栄養が必要だ、といった具合である。

遺伝子、病気、食品の間の相互作用についてはまだ全体像がわかっていない。現在一部の米企業が行っている遺伝子検査では、その人の健康状態に最適な栄養どころか、健康状態そのものがわからない。ゲノムと代謝を完全に解析しなければならないし、それにはまだ何年もかかる。

ブラベックの将来展望ははっきりと定められている。「二〇五〇年には、個人別栄養を扱います。その人の診断結果に基づいて栄養から予防的健康要因を導き出します」。その頃には個人別の癌予防メニューのように、さまざまな健康問題に対応した個別の食事計画や製品を提供するだろう。

この複雑な相互作用にかかわらず、健康的な生活を送るための大切な条件の一つとして、きれいな飲料水と十分な基礎栄養があることを忘れてはならない。これによって循環が完結する。地球の水問題を解決しなければ、健康的な栄養状態を実現することはできないのだ。

ウエルビーイング企業となるか

一九七四年にフランス人のピエール・リオタール＝ヴォート会長率いるネスレがロレアルの株

式を取得したとき、取得価格は二億六〇〇〇万スイスフランだった。現在の価値は、およそ二二〇億スイスフラン。それでもネスレは、ベタンクール家（筆頭株主、ロレアル創業一族）が保有する株式を買い取ることはできる。なぜなら眼科医療製品メーカー、アルコンをノバルティスに段階的に売却したことで約三九〇億スイスフランの収入を得たからだ。

ロレアルとネスレが合併すれば、年商一三〇〇億スイスフラン、全世界の従業員三四万人の巨大企業が生まれる。しかし、早急な決定はなされない。なぜならその場合は戦略的合併であって、業務効率のためではないからだ。急いては事をし損じる。

ロレアルの株式を約三〇％保有するネスレと三一％を保有するベタンクール家との契約は、リリアンヌ・ベタンクールの死後六カ月を経なければ両者とも保有株数を増やしてはならないと定めている。しかし、二〇〇九年四月二九日以降は、両者とも化粧品業界内で株式を自由に売却できる。アナリストやメディアの間で、ネスレが保有する株式を手放してロレアルから離れるのではないかとの憶測が飛び交った。両社は二つの合弁事業を行っている。皮膚科医薬品など製造のガルデルマと、「体の中から美しくなるため」の美容サプリメント製造のイネオブだ。ブラベックによれば、ネスレが二〇〇九年四月二九日以降も株式を売却せず、関係を継続する決断を下すまで一年半かかったという。

ブラベックは、ネスレ取締役会からロレアル込みのネスレの将来について考えるように言われた。彼は、本当の問題は株式を売却するかどうかではなく、「ネスレの次の手は何か」という戦略的判断だと考えている。

一〇年近く前に、ブラベックは栄養・健康・ウエルネス企業という構想を練り上げたが、構想の中にあった医薬品部門はその後断念することになった。今度こそウエルビーイング企業を築くことができるのではないか。そこに未来はあるだろうか。答えがイエスならば、これがネスレの次なる「ギャップ創造」になる。ブラベックは、まだ模索中だ。半年ごとに取締役会に検討の進捗を報告している。

ウエルビーイング企業では「ギャップ創造」できないとブラベックと取締役会が判断すれば、ロレアルを長期にわたって保有する意味はない。反対に、ウエルビーイング企業を長期戦略として認めた場合、ロレアルとの合併か、より緊密な提携が理にかなっているかもしれない。しかし、それは数ある道の一つにすぎないとブラベックはいう。「唯一の道でないことは確かです」（注：二〇一四年にロレアルの株式を一部売り戻し、保有比率を約二三％に引き下げた。また、二〇一五年第1四半期中にイオネブの合弁を解消すると発表している）

まずは戦略としてウエルビーイング企業でいくのかどうか――。

「それを決めるには、まだ考えるべきことがあります」

［著者］

フリードヘルム・シュヴァルツ（Friedhelm Schwarz）

1951年生まれ。ノンフィクション作家。欧州在住。政財界を動かす人々やそれを揺るがす出来事など、社会経済的テーマに関心を持つ。2000年に出版されたネスレに関する最初の著書『Nestlé: Macht durch Nahrung（ネスレ——食による力）』は、英語版『Nestlé: The Secrets of Food, Trust and Globalization』（2002年5月発刊）など各国語に翻訳されている。

［訳者］

石原 薫（Kaoru Ishihara）

翻訳家。主な訳書に『デザイン思考の教科書』（日経BP社）、『We Own the City』『シビックエコノミー』（以上、フィルムアート社）、『ピクサー流 創造するちから』『よい製品とは何か』（以上、ダイヤモンド社）、『未来をつくる資本主義』（英治出版）、『Sustainable Design』（ビー・エヌ・エヌ新社）など。

知られざる競争優位

——ネスレはなぜCSVに挑戦するのか

2016年4月7日　第1刷発行

著　者——フリードヘルム・シュヴァルツ
訳　者——石原 薫
発行所——ダイヤモンド社
〒150-8409　東京都渋谷区神宮前6-12-17
http://www.diamond.co.jp/
電話／03·5778·7228（編集）　03·5778·7240（販売）

装丁————bookwall
製作進行——ダイヤモンド・グラフィック社
印刷————勇進印刷（本文）・加藤文明社（カバー）
製本————ブックアート
編集担当——村田康明

ISBN 978-4-478-02870-4